电力设施保护
管理规定及典型案例

DIANLI SHESHI BAOHU
GUANLI GUIDING JI DIANXING ANLI

国家电网有限公司设备管理部 编

U0261566

中国电力出版社
CHINA ELECTRIC POWER PRESS

内 容 提 要

根据国家电网有限公司制度标准一体化建设工作统一部署和规范要求，国家电网有限公司设备管理部组织公司系统内省（市）公司在全面梳理电力设施保护管理规定、规范的基础上，结合基层和基础业务对制度标准的实际需求，编写了《电力设施保护管理规定及典型案例》。本《电力设施保护管理规定及典型案例》是做好电力设施保护管理工作的依据，是各级安监、设备管理、运检等电力设施保护相关部门及班组开展电力设施保护工作的通用基础性文件。

本《电力设施保护管理规定及典型案例》分为 12 章，包括总则、职责分工、组织管理、安全管理、技术管理、隐患排查治理、经费保障与索赔、培训与宣传、资料管理、信息报送、检查考核和附则。并包括典型案例、国家电力设施保护相关法律法规等 7 个附录。

本《电力设施保护管理规定及典型案例》可供各级安监、设备管理、运检等电力设施保护相关部门管理人员、省检修（分）公司运维分部或运检中心、地（市）公司运检中心、县公司运维人员和电力设施保护工作人员使用。

图书在版编目（CIP）数据

电力设施保护管理规定及典型案例 / 国家电网有限公司设备管理部编. —北京：中国电力出版社，2020.5

ISBN 978-7-5198-4218-5

Ⅰ.①国…　Ⅱ.①国…　Ⅲ.①电力工业—工业企业—电气设备—保护—规定—中国　Ⅳ.① TM7

中国版本图书馆 CIP 数据核字（2020）第 022722 号

出版发行：中国电力出版社
地　　址：北京市东城区北京站西街 19 号（邮政编码 100005）
网　　址：http://www.cepp.sgcc.com.cn
责任编辑：罗翠兰　肖　敏
责任校对：黄　蓓　朱丽芳
装帧设计：张俊霞
责任印制：石　雷

印　　刷：三河市万龙印装有限公司
版　　次：2020 年 5 月第一版
印　　次：2020 年 5 月北京第一次印刷
开　　本：787 毫米 ×1092 毫米　16 开本
印　　张：6.25
字　　数：137 千字
印　　数：00001—15000 册
定　　价：38.00 元

《电力设施保护管理规定及典型案例》
编 委 会

前　言

　　为满足国家电网有限公司建设具有中国特色国际领先的能源互联网企业战略目标的要求，推动公司重大管理创新，完成"制度性升华"，根据国家电网有限公司制度标准一体化建设工作统一部署和规范要求，国家电网有限公司设备管理部组织公司系统内省（市）公司在全面梳理电力设施保护管理规定、规范的基础上，结合基层和基础业务对制度标准的实际需求，编写了《电力设施保护管理规定及典型案例》。

　　本《电力设施保护管理规定及典型案例》依据国家（行业）法律法规、技术标准和规程等，结合近年来电力设施保护工作的技术、管理新趋势和新要求进行编制。

　　本《电力设施保护管理规定及典型案例》按照统一要求、一贯到底、分级负责的原则，对电力设施保护管理工作提出了具体要求，明确了电力设施保护全过程管理工作的标准和要求，明确了各级电力设施保护管理职责和具体实施内容，统一了防控标准和管理要求。本《电力设施保护管理规定及典型案例》是做好电力设施保护管理工作的依据，是各级安监、设备管理、运检等电力设施保护相关部门及班组开展电力设施保护工作的通用基础性文件。

　　本《电力设施保护管理规定及典型案例》分为12章，包括总则、职责分工、组织管理、安全管理、技术管理、隐患排查治理、经费保障与索赔、培训与宣传、资料管理、信息报送、检查考核和附则。并包括典型案例、国家电力设施保护相关法律等7个附录。

　　本《电力设施保护管理规定及典型案例》由国网吉林省电力有限公司、国网重庆市电力公司、国网湖北省电力有限公司、国网浙江省电力有限公司、国网天津市电力公司编写。

　　本《电力设施保护管理规定及典型案例》由国家电网有限公司设备管理部提出，并负责归口解释。

　　本《电力设施保护管理规定及典型案例》由国家电网有限公司批准，国家电网有限公司享有其专有知识产权，任何单位和个人未经授权不得翻印。

编者

2020 年 4 月

目　录

电力设施保护管理规定

第一章 总 则

第一条 为加强国家电网有限公司（以下简称国家电网公司）电力设施保护管理，实现公司系统内电力设施保护工作的标准化、规范化运作，保障电力设施安全、可靠运行，依据《中华人民共和国电力法》、中华人民共和国国务院发布的《电力设施保护条例》、中华人民共和国公安部发布的《电力设施保护条例实施细则》等法律、法规，结合国家电网公司电力设施保护工作实际，制定本规定。

第二条 本规定所称的电力设施保护，是指为防止输电、变电、配电、水电、通信等设施及有关辅助设施发生外力破坏所开展的工作。保护范围包括处于运行、备用、检修、停用和正在建设的电力设施。

第三条 本规定适用于国家电网公司总（分）部、各单位及所属各级单位（含全资单位、控股）的电力设施保护管理工作。

代管单位参照执行。

第四条 电力设施保护工作贯彻"预防为主，综合治理"的原则。通过建立有序的组织结构和工作秩序，加强设备巡视检查，做到电力设施外部隐患风险的预先管控；通过集中排查安全隐患、签订安全协议、落实防护措施、加强宣传培训、增强政企合作等手段实现电力设施保护综合治理。

第五条 电力设施保护是安全生产工作的重要组成部分，应纳入各单位安全生产的保障体系和监督体系，并与生产、建设、经营工作同计划、同布置、同检查、同考核。

第二章 职责分工

第六条 电力设施保护工作实行归口管理。国网设备部为电力设施保护工作的归口管理部门，省公司级单位应明确本单位电力设施保护工作的归口管理部门，各相关职能部门按专业分工负责本专业的电力设施保护管理。国网运行公司、国网新源公司、国网信通产业集团、地市公司级单位等电力设施管理单位（简称设施管理单位）应明确本单位电力设施保护工作的归口管理部门，具体负责本专业电力设施保护工作。

第七条 国网设备部履行以下职责：

（一）宣传和贯彻国家有关电力设施保护方面的法律、法规。

（二）建立公司电力设施保护工作组织体系，制定和修订规章制度，建立监督、检查机制。

（三）负责电力设施保护工作的数据统计、分析、总结。

（四）对各单位电力设施保护工作进行指导、监督、检查和考核。

（五）组织各单位开展有关电力设施保护工作方面的经验交流和人员培训。

第八条 国家电网公司相关部门履行以下职责：

（一）国网安监部负责指导各单位协调政府、公安部门，推进政企、警企合作机制，负责配合政府开展电力设施保护活动，并监督、检查和考核。

（二）建设部门负责建设工程中电力设施保护相关工作，并监督、检查和考核。

（三）国网营销部负责用电设施保护相关工作，并监督、检查和考核。

（四）国网互联网部负责通信设施保护相关工作，并监督、检查和考核。

（五）国网财务部负责电力设施财产投保及索赔等相关工作，并监督、检查和考核。

（六）国网法律部负责电力设施保护工作的法律保障，负责重大法律诉讼案件的管理、协调和处理，并监督、检查和考核。

（七）国网外联部负责联系外部媒体进行电力设施保护宣传工作，负责相关突发事件新闻应急工作，并监督、检查和考核。

第九条 省公司级单位电力设施保护归口管理部门履行以下职责：

（一）宣传和贯彻国家、行业、地方政府及国家电网有限公司有关电力设施保护方面的法律、法规和规章制度。

（二）建立省公司级单位电力设施保护工作组织体系。

（三）负责省公司级单位电力设施保护的日常管理工作，并按期进行有关数据统计、分析和上报。

（四）对所属单位电力设施保护工作进行指导、监督、检查和考核。

（五）组织所属单位开展有关电力设施保护工作方面的经验交流和人员培训。

第十条 省公司级单位相关部门履行以下职责：

（一）安全监察部负责指导所属单位协调政府、公安部门推进政企、警企合作机制，共同防范和打击破坏、盗窃电力设施等违法犯罪行为；负责配合政府开展电力设施保护活动，配合公安机关开展电力设施破坏案件的侦破工作；负责对外协调处置重大外部隐患，并监督、检查和考核。

（二）设备管理部负责制定和落实本单位输、变、配电设施保护相关安全、组织、技术措施，并监督、检查和考核。

（三）基建部负责制定和落实本单位基建工程电力设施保护相关安全、组织、技术措施，并监督、检查和考核。

（四）营销部负责制订和落实本单位用电设施保护相关安全、组织、技术措施，并监督、检查和考核，并负责组织电力设施保护区附近供电方案的联合查勘。

（五）互联网部负责制订和落实本单位通信设施保护相关安全、组织、技术措施，并监督、检查和考核。

（六）财务资产部负责本单位电力设施保护资金的预算安排、资金拨付和财务核算，组织电力设施财产投保及索赔，并监督、检查和考核。

（七）经济法律部负责本单位电力设施保护工作的法律保障，负责重大法律诉讼案件的管理、协调和处理，并监督、检查和考核。

（八）对外联络部负责本单位相关突发事件新闻应急工作，负责联系外部媒体进行电力设施保护宣传工作，并监督、检查和考核。

第十一条 地市公司级单位主要职责：

（一）宣传和贯彻国家、行业、地方政府及上级单位有关法律、法规和规章制度。

（二）建立本单位电力设施保护工作组织体系，明确各有关部门的工作职责和处理电力设施保护问题的工作要求。

（三）负责本单位电力设施保护的日常管理工作，建立电力设施保护工作信息台账，并按期进行有关数据统计、分析、上报。

（四）制订并落实电力设施保护人防、物防和技防措施。

（五）负责协调联合地方政府、公安部门，共同防范和打击破坏、盗窃电力设施等违法犯罪行为，负责配合政府开展电力设施保护活动，配合公安机关开展电力设施破坏案件的侦破工作，负责对外协调处置重大外部隐患。

（六）负责组织开展电力设施保护工作经验交流活动，对本单位电力设施保护工作人员开展相关培训。

（七）负责组织开展电力设施保护宣传活动。电力设施保护管理流程见附录 A。

第三章　组织管理

第十二条 各单位应建立层次清晰、分工明确的电力设施保护组织体系。成立由主管领导任组长、相关部门负责人为成员的电力设施保护领导小组，下设由归口管理部门负责人任组长、其他相关部门相关人员为成员的工作组，设施管理单位应将电力设施保护职责落实到班组一线人员。

第十三条 各单位应建立政府职能部门、供电企业、社会群众联防合作和部门联动、专业管理、属地保护相结合的工作机制，切实落实电力设施保护工作责任。

第十四条 各单位应划分电力设施保护责任区段，落实责任人，开展电力设施保护巡视检查、隐患排查治理和监督检查。

第十五条 充分发挥属地公司地域优势，积极推行电力设施通道防护属地化管理。

第四章　安全管理

第十六条 各单位应建立防止外力破坏电力设施的预警机制，通过研究和分析，总结电力设施保护工作规律，做到防范关口前移，提高防范工作的预见性。

第十七条 各单位应建立电力设施外力破坏处置流程，加强事故抢修人员培训和备品备件管理。

第十八条　各单位应制订并不断完善外力破坏的人防、技防、物防措施。

第十九条　各单位应严密治安防控，确保重大节日、重大活动期间和特殊时期重要电力设施运行安全。加强对重要输变电设备的巡视和监控，必要时专人值守。

第二十条　各单位应加强输电线路及随输电线路敷设的通信线缆状态管理和通道隐患排查治理，及时发现和掌握输电线路和通信线缆通道的动态变化情况，根据输电线路和通信线缆重要程度和通道环境状况，合理划定可能发生外力破坏、盗窃等特殊区段，按区域、区段设定设备主人和群众护线人员，明确责任，确保防控措施落实到位。

第二十一条　各单位应加强对工程外包施工队伍的电力设施保护监管，建立并更新外包施工队伍管理信息和违法、违规施工队"黑名单"。

第二十二条　设施管理单位发现电力设施遭受破坏、盗窃，应立即赶赴现场，做好现场证物收取、照相、录像等收资工作，保护好现场。

第二十三条　各单位应根据治安状况，适时商请公安机关组织开展区域性打击整治行动，挂牌整治盗窃破坏案件高发地区，挂牌督办重、特大电网及设备损害案件，严厉打击盗窃破坏电力设施违法犯罪活动。

第二十四条　当电力设施与其他设施相互妨碍时，设施管理单位应当按照相关法律、法规与相关部门协商处理，维护自身的合法权益，消除电力设施安全隐患，必要时应汇报当地政府相关行政管理部门协调解决。

第二十五条　设施管理单位发现任何单位和个人在电力设施保护区内从事危害电力设施安全行为并制止无效时，应及时报告当地政府相关行政管理部门。

第五章　技术管理

第二十六条　各单位应制订并不断完善本专业电力设施保护的技术措施，设施管理单位应根据实际情况采取相应的防范措施。电力设施保护防范措施见附录 B。

第二十七条　新（改、扩）建电力设施的安全防范设施建设应与电力工程建设同规划、同设计、同施工、同验收。已运行的电力设施中不符合安全防范技术标准的应制订整改计划逐步改造。

第二十八条　重要电力设施安全防范建设和改造标准应符合国家、行业、地方相关标准和企业标准。

第二十九条　各单位应定期分析电力设施保护工作中出现的问题，制订相应措施，并将措施纳入本单位工作计划。

第六章　隐患排查治理

第三十条　设施管理单位应明确电力设施的运维人员，运维人员作为本单位电力设施保护工作组成员参与电力设施保护隐患治理工作，建立隐患档案，并及时更新。

第三十一条　设施管理单位应积极与地方政府相关部门联系，建立沟通机制，强化信息沟通，预先了解各类市政、绿化、道路建设等工程的规划和建设情况，及早采取预防措施。

第三十二条　线路规划设计应符合《电力设施保护条例》要求，应尽量远离人口活动及机械作业频繁的区域，尽量避免跨越建筑物和构筑物，保证通道内无影响线路安全运行的建筑物、构筑物。竣工时，通道清理情况应经设施管理单位验收合格。

第三十三条　设施管理单位发现可能危及电力设施安全的行为，应立即加以制止，并向当事单位（人）发送《安全隐患告知书》（见附录C）限期整改，同时抄送本单位营销部、安全监察质量部。营销部应配合设施管理单位与用户沟通，督促用户整改隐患。针对拒不整改的安全隐患，安全监察质量部应报备政府相关部门。

第三十四条　设施管理单位应积极配合政府相关部门严格执行可能危及电力设施安全的建设项目、施工作业的审批制度，预防施工外力损坏电力设施事故的发生。

第三十五条　在用电申请阶段，受理用电的单位应组织各有关单位和部门，对用户拟建建筑物、构筑物或拟用施工机具与电力设施的安全距离是否符合要求等进行联合现场勘察，必要时可在送电前与用户签订电力设施保护安全协议（见附录D），作为供用电合同的附件。安全协议应规定双方在保护电力设施安全方面的责任和义务，以及中断供电条件，包括保护范围、防护措施、应尽义务、违约责任、事故赔偿标准等内容。

第三十六条　对于用户设施可能危及供电安全，确需中断供电的情况，应当按照《供电营业规则》《电力供应与使用条例》《供用电合同》及其他有关规定制订内部工作程序，履行必要的手续。

第三十七条　属地供电企业应担负其所在地相应的护线责任，组织群众护线人员开展隐患排查，及时发现、报告并协助处理电力设施保护区内的外破隐患。

第三十八条　属地供电企业每年应定期开展电力线路、电缆通道和通信线缆附近施工外力、异物挂线、树竹障碍等隐患排查治理专项活动，对排查出的隐患要及时治理，必要时报请政府相关部门依法督促隐患整改。

第三十九条　设施管理单位和属地供电企业应组织建立吊车、水泥罐车等特种工程车辆车主、驾驶员及大型工程项目经理、施工员、安全员等相关人员数据库（台账资料），开展电力安全知识培训，定期发送安全提醒短信，充分利用公益广告、媒体宣传等方式推动培训宣传工作常态化。

第四十条　对施工外力隐患（如大型施工项目），设施管理单位应事先与施工单位（含建设单位、外包单位）沟通，根据签订的《电力设施保护安全协议》，指导施工单位制定详细的《电力设施防护方案》。

第四十一条　设施管理单位应根据《电力设施防护方案》对施工单位项目经理、安全员、工程车辆驾驶员等人员等进行现场交底，包括靠近工地的线路、线路对地的安全距离、地下电缆走向、各施工阶段不同施工机械对线路破坏的危险源及其控制措施、沟通渠道等。特别要加强对混凝土输送泵车清理输送管道环节重大危险源的控制。

第四十二条　设施管理单位应要求施工单位在每个可能危及电力设施安全运行的施工工序开始前，通知设施管理单位派人前往现场监护。如遇复杂施工项目，设施管理单位应派人24h看守监护。

第四十三条　设施管理单位应定期主动与施工单位联系，了解工程进度，必要时参加其组织的工程协调会，分析确定阶段施工中的高危作业，提前预警。

第四十四条　各单位应商请当地政府电力管理部门或电力设施保护行政执法机构，加大对施工外力隐患的查处力度，保证及时消除可能危及电力设施安全运行的隐患。

第七章　经费保障与索赔

第四十五条　各单位应严格按照国家财政部、国家公安部、国家税务总局关于石油天然气和"三电"基础设施安全保护费用管理和国家电网公司电网检修运维和运营管理成本标准的要求，为电力设施保护工作提供经费保障。

第四十六条　电力设施保护经费纳入预算管理，各级单位应编制年度电力设施保护费用预算，逐级审定纳入国家电网公司整体预算方案，并由归口管理部门组织检查执行情况。

第四十七条　对发生损毁的电力设施，设施管理单位应做好现场取证，根据设施的损坏程度及供电影响，按照相关法律、法规和规章规定，履行索赔手续或对责任单位（人）进行索赔。

第八章　培训与宣传

第四十八条　各单位应积极开展电力设施保护工作经验交流和人员培训。省公司级单位每年至少组织1次电力设施保护专业经验交流与培训；设施管理单位每年至少组织2次电力设施保护专业经验交流与培训，必要时组织吊车等特种机械、车辆操作人员电力设施保护培训。

第四十九条　各单位应加大电力设施保护宣传和教育力度，充分利用广播电视、手机短信、网络媒体等手段进行宣传。设施管理单位每年至少开展1次电力设施保护宣传月（周）活动。

第九章　资料管理

第五十条　各单位应建立健全电力设施保护档案，统一保管，并实施动态管理。档案应翔实、完整，符合实际，全面反映电力设施的基本情况和护电管理情况。

第五十一条　建设单位应将新（改、扩）建工程过程中引起的征地、征林及其他赔偿协议、资料等证据全部交予运行单位，运行单位应督促资料归档并妥善保管。

第五十二条　电力设施保护档案应包括以下内容：

（一）组织建设工作资料。

（二）护线组织活动记录。

（三）输、变、配电设备资料及分布情况。

（四）其他电力设施资料及分布情况。

（五）工作计划、总结。

（六）月、季和年度报表。

（七）护线员责任制，巡视到岗到位（杆、塔、配电柱上变压器）的资料。

（八）技术防范措施。

（九）破坏电力设施发、报、破案件卷宗或资料。

（十）护电工作奖惩记录。

（十一）各类线路路径图。

（十二）各类安全协议、隐患通知书、隐患档案等。

第十章　信息报送

第五十三条　归口管理部门应设置专人负责本单位全口径电力设施保护工作信息的统计、分析、汇总及上报工作。

第五十四条　信息报送的主要内容：

（一）发生破坏、盗窃电力设施事件。

（二）月度、季度电力设施保护工作报表。

（三）年度工作总结和年度工作计划。

第五十五条　信息报送要求：

（一）信息要客观、准确、及时。报送事件内容包括发生时间、地点、电力设施的损坏情况、管辖单位及具体负责单位、对外停电影响和处理情况等。

（二）各单位发生特、重大事件要求 2h 内将有关情况以电话、手机短信或传真等方式第一时间报告上级管理部门；事件发生后 12h 之内将事件初步分析报告以电子邮件或传真形式报送；一般事件纳入电力设施保护工作月报的报送内容。

（三）省公司级单位每月 5 日前报送上月电力设施保护工作月报；每季度第 1 个月的 10 日前报送上季度电力设施保护工作季报；每年 1 月 10 日前报送上年度电力设施保护工作总结和年度工作计划。省公司各所属单位报表、工作总结分别提前 2 天、7 天完成报送。

第十一章　检查考核

第五十六条　电力设施保护工作检查每年不少于 2 次，检查考核内容见附录 E。

第五十七条　各单位对在电力设施保护工作中做出突出贡献的先进集体和先进个人应给予表彰。因责任不落实、管理不善造成严重后果或对特、重大事件隐瞒不报的单位，给予通报批评。

第十二章　附　则

第五十八条　本规定由国网设备部负责解释并监督执行。

第五十九条　本规定自 2014 年 7 月 1 日起施行。原《国家电网电力设施保护工作管理办法》（国家电网生技〔2005〕389 号）同时废止。

附录 A 电力设施保护管理流程图

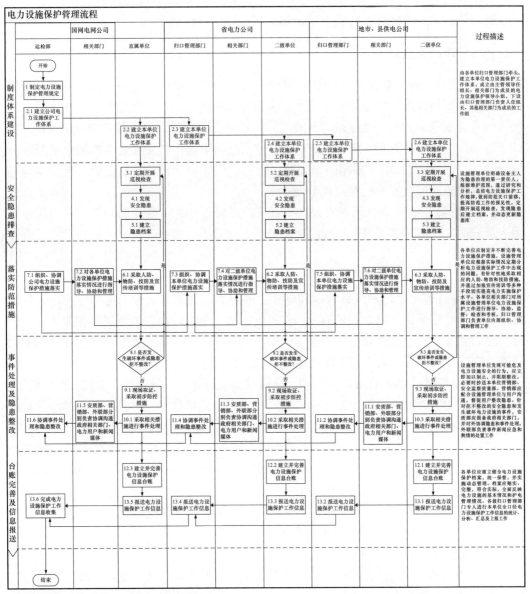

编制说明:

1. 编制目的: 为规范电力设施保护管理流程, 特修订本流程。
2. 编制依据: 国家电网公司电力设施保护管理规定。
3. 补充说明: 相关部门指除归口管理部门外的其他相关部门, 包括安质部、运检部、基建部、营销部、信通部、财务部、
   法律部、外联部等。
   直属单位指国网运行公司、国网新源公司、国网信通公司等国网直属单位。

附录 B 电力设施保护防范措施

各单位应针对本单位电力设施保护工作的具体情况，结合设备改造和新建设项目，采取针对性的防外力破坏、防盗技术措施，相关措施建议如下：

一、电力设施防盗措施

（一）室外变电站和独立通信站应装设围墙、栅栏，室内变电站和独立通信站应装设大门，根据情况设置保卫人员、安装安全监控系统等保卫、报警措施，防止人员非法闯入。重要变电站和独立通信站应安装实体防护装置、周界入侵报警系统及视频监控系统，有条件的应与公安 110 服务系统联网。宜采用具有显示报警位置功能的电子围栏。

（二）架空线路杆塔应采用防卸螺栓、防攀爬、防撞等措施，必要时，可在盗窃易发区、外力隐患地段安装视频监控系统。

（三）电缆、电力光缆通道上方应按要求设置警示标志，防止违章开挖；电缆及电力光缆隧道、沟道井盖应采取有效的防盗措施，防止人员非法进入。

二、防止施工车辆（机械）破坏措施

（一）存在外力隐患的线路区段和电缆、电力光缆通道，其保护区的区界、人员机械进入口和电缆路径上设立明显的标识，将电力法、电力设施保护条例等相关条款以及保护区的宽度、安全距离规定等内容，以醒目的字体标注在警示牌上，并告知破坏电力线路可能造成的严重后果，落款注明单位名称及联系电话。

（二）杆塔基础外缘 15m 内有车辆、机械频繁临近通行的线路段，应淘汰拉线塔型，铁塔基础增加连梁补强措施，配套砖砌填沙护墩、消能抗撞桶、橡胶护圈、围墙等减缓冲击的辅助措施。对于易受撞击的拉线，应采取防撞措施，并设立醒目的警告标识。

（三）针对固定施工场所，如桥梁道路施工、铁路、高速公路等在防护区内施工或有可能危及电力设施安全等的施工场所推广使用保护桩、限高架（网）、限位设施、视频监视、激光报警装置，积极试用新型防护装置。

（四）针对移动（流动）施工场所，如道路植树、栽苗绿化、临时吊装、物流、仓储、取土、挖沙等场所可采取在防护区内临时安插警示牌或警示旗、铺警示带、安装警示护栏等安全保护措施。

（五）加装限高装置时应与交通管理部门协商，在道路与电力线路交跨位置前后装置限高装置，一般采取门型架结构，在限高栏醒目位置注明限制高度，以防止超高车辆通行造成碰线；或在固定施工作业点线路保护区位置临时装设限高装置，注明限高高度，防止吊车或水泥泵车车臂进入线路防护区。

（六）在线路防护区边界两侧装置护电围栏，通常采用安全围栏或悬挂彩旗的绳索，防止在防护区附近固定作业车辆进入线路防护区。

（七）有条件时，可以在吊车等车辆的吊臂顶部安装近电报警装置，提前设定距离高压线距离，当吊车等车辆顶部靠近高压线时，立即启动声响和灯光报警，提示操作人员立即停止作业操作。

（八）在电力设施周边的大型施工场所，特高压换流站、变电站内的施工现场，流动作业、植树等多发区段可加装视频在线监测装置，通过人员监视，及时了解线路防护区出现的流动作业或其他影响电力设施安全运行的行为，对现场施工进度和安全情况进行掌握。同时，在发生外力破坏故障后，可通过查看监视录像查找肇事车辆或责任人员。

（九）针对邻近架空电力线路保护区的施工作业，应采取增设屏障、遮栏、围栏、防护网等进行防护隔离，并悬挂醒目警示牌。

（十）应加强与市政建设部门的信息沟通，密切关注电缆通道周边各类施工情况。及时评估老旧通道主体结构的承载能力，发现地面沉降、地下水冲蚀、承重过大等情况时，要检测通道周围土层的稳定性，发现异常应及时加固，必要时对通道进行改造或迁移。

三、电缆及电缆通道防范措施

（一）电缆、电力光缆通道的设计应符合相关规范要求，直埋敷设电缆通道起止点、转弯处及沿线在地面上应设置明显的电缆标识，警示及掌握电缆路径的实际走向。直埋电缆上方应设置保护盖板，直埋和沟道光缆应加设防外破保护套管。

（二）电缆隧道通风口应有防止小动物进入隧道的金属网格及防火、防盗等措施。重要电缆隧道应采用防止人员非法侵入和井盖防盗监控设施。电缆沟盖板间缝隙应采取水泥浆勾缝封堵，防止易燃易爆物品落入。

（三）完善电缆通道监控和报警措施，加强电缆通道的巡视维护管理，特别在寒冷恶劣天气时，对天桥下、院墙角落等流浪人群易逗留的避风区段进行重点巡视，制止电缆沟上烤火取暖现象。

四、防止异物短路措施

（一）对于在运行的变电站内的施工，设施管理单位应要求施工单位使用硬质安全围栏，不得设立彩钢瓦等临时性构筑物，对塑料薄膜、草毡等覆盖物要压紧压实，建筑垃圾应每天清运。

（二）对电力设施保护区附近的彩钢瓦等临时性建筑物，设施管理单位应要求管理者或所有者进行拆除或加固。可采取加装防风拉线、采用角钢与地面基础连接等加固方式。

（三）危及电力设施安全运行的垃圾场、废品回收场所，设施管理单位应要求隐患责任单位或个人进行整改，对可能形成飘浮物隐患的，如塑料布、锡箔纸、磁带条、生活垃圾等采取有效的固定措施。必要时，提请政府部门协调处置。

（四）架空电力线路保护区内日光温室和塑料大棚顶端与导线之间的垂直距离，在最大计算弧垂情况下，应符合有关设计和运行规范的要求，不符合要求的应进行拆除。

（五）商请农林部门（镇政府和村委会等）加强温室、大棚、地膜使用知识宣传，指导农户搭设牢固合格的塑料大棚，督促农户及时回收清理废旧棚膜，不得随意堆放在线路通道附近的田间地头，不得在线路通道附近焚烧。

（六）架空电力线路保护区外两侧各 100m 内的日光温室和塑料大棚，应要求所有人或管理人采取加固措施。夏季台风来临之前，设施管理单位敦促大棚所有者或管理者采取可靠加固措施，严防薄膜吹起危害电力设施。

（七）设施管理单位在巡线过程中，应配合农林部门开展防治地膜污染宣传教育，宣传推广使用液态地膜，提高农民群众对地膜污染危害性的认识。应要求农民群众对回收的残膜要及时清理清运，避免塑料薄膜被风吹起，危及电力设施安全运行。

五、防止树竹放电措施

（一）加大对电力线路保护区内树线矛盾隐患治理力度，及时清理、修剪线路防护区内影响线路安全的树障，加强治理保护区外树竹本身高度大于其与线路之间水平距离的树木安全隐患。注重天气变化前及时清理周边建筑物、道路两侧易被风卷起的树木断枝。

（二）设施管理单位应在每年 11 月底前将树枝修剪工作安排和相关事项要求等书面通知各级园林部门、相应管理部门（如公路管理单位、物业等）和业主，并积极配合做好修剪工作。

（三）对未按要求进行树枝修剪的单位和个人应及时向政府电力行政管理部门或政府有关部门汇报。

（四）促请地方政府将电力通道以及预留通道规划纳入城市绿化规划。电力线路通道尽量规划在空旷地带，对线下的道路绿化带，保证树木自然生长最终高度和架空线路的距离符合安全距离的要求。

六、防止风筝挂线措施

（一）传统风筝放飞季节和区域，是防止风筝挂线工作的重点。设施管理单位应制订巡查方案，按期到重点区域巡查，严防风筝挂线跳闸事件。

（二）在传统风筝放飞季节，应在电力设施附近的广场、公园、空地等地定点宣传，宣传重点对象为风筝出售者和风筝放飞者，必要时在风筝出售点设置大型醒目的警示标志。

（三）对夜间放飞电子（LED）风筝区域和相关人员做好排查登记，适时开展夜间现场检查，必要时组织安排人员开展现场蹲守劝导工作。

（四）根据本地实际情况，争取获得政府部门的支持，在风筝爱好者相对集中的地区，专门辟出风筝放飞区，让风筝爱好者集中放飞，将一些对电力设施安全影响较大的地区实行风筝禁放。

（五）设施管理单位发现风筝挂线后，应根据风筝挂线的缺陷性质及时进行消除，保障电力设施安全运行。

七、防止钓鱼碰线措施

（一）设施管理单位应按照规定在架空电力线路保护区附近的鱼塘岸边设立安全警示标志牌。对存在的大面积鱼塘或鱼塘众多、环境复杂的乡镇，可在村头、路口等必经之处补充设立警示标志，提高警示效果。

（二）加强电力线路附近垂钓安全知识的宣传。可采用电视、手机短信等方式，重点对垂钓者、鱼塘主进行宣传。

（三）可提请安监、工商部门要求垂钓用具商店在钓竿上粘贴警示标语，并通过垂钓用具商店、垂钓协会发送宣传资料。

（四）对于跨越鱼塘的 380V、10kV 线路和鱼塘附近的柱上变压器，可采用更换绝缘导线、安装绝缘罩的方式，从技术上防范钓鱼触电事件的发生。

（五）设施管理单位应与鱼塘主签订安全协议，告知在输电线路下方钓鱼的危害性和相关法律责任，督促鱼塘主加强管理，共同防范钓鱼触电事故的发生。

八、防止火灾措施

（一）会同当地政府，向群众宣传《中华人民共和国电力法》《森林防火条例》等法律、法规，提高群众法律、意识，严格控制火源，杜绝因人为火源引起的山火。

（二）在山火易发时段及清明节前后等特殊时期，应加强线路巡视，并对重点防火地段派人值守，有条件的地点可加装视频监控等设施，及时发现、处理山火隐患。

（三）开展专项防火宣传，如在有可能发生火灾的地域，装设防止火灾的警示牌、宣传牌，粘贴及发放宣传单等。

（四）加强电力线路通道运行维护管理。杆塔周围、线路走廊内的树木及杂草要清理干净，对线路走廊内不满足规程要求的树木，要坚决砍伐。

（五）全面清理线路保护区内堆放的易燃易爆物品，对经常在线路下方堆集草堆、谷物、甘蔗叶等的居民宣传火灾对线路的危害及造成的严重后果，并要求搬迁。

（六）建立健全应急预案，确保人员、车辆、设备落实到位。加强与消防、公安、林业部门的联系，山火发生时，立即主动与当地政府、警方、消防部队联系，并及时组织扑灭火灾。

（七）直流输电线路遇有可能造成线路故障的山火时，可申请降压运行，交流输电线路可以申请停运。

（八）变电站围墙上应张贴禁止燃放烟花爆竹的警示标志。春节前，应提请政府部门联合发放公告，在电力设施保护区附近禁止燃放烟花爆竹。

九、防止化学腐蚀措施

（一）电力设施在设计阶段，要注意收集可能会导致严重腐蚀的环境资料，如污源性质、范围、主导风向等，尽可能避开污源或把线路置于主导风向的上方侧。

（二）电力线路在污源严重的地区可采用防腐型导线和铝包钢线，钢芯铝绞线中的钢线可采用镀铝来解决铝钢之间的接触腐蚀问题。

（三）对导地线严重腐蚀的输电线路，应及时更换导地线。

（四）杆塔金属部件的防腐工作要按规程执行，严格工艺控制。

（五）电力设施中采用不同金属互相连接时，宜采用铸焊接头。当必须采用螺栓接头时，两种金属应采用保护层彼此隔开，以免接头电化学腐蚀。

十、防止河道非法采砂措施

（一）梳理跨越河道的线路设计标准是否符合通航水位及河道通航标准，掌握重要跨越河道线路在高温、大负荷情况下的弧垂变化，线下通行的采砂船和大型船舶高度，进行必要的杆塔升高改造工作。

（二）加大输电线路通道非法采砂安全隐患摸底排查，与政府相关部门开展整治非法采砂专项联合执法工作，加大打击因非法采砂造成电网事故的违法行为，追究其经济赔偿责任和刑事责任。

（三）开展采砂企业和采砂船电力设施保护主题培训及宣传活动，有条件的纳入年度采砂证年审培训中，并在培训中明确相应的处罚措施，起到警示教育作用。

（四）综合考虑汛期、丰水季节特点及跨越点安全距离实际情况，设立永久性拦河线、限高架、安全警示标志（牌）等，标明电力线路下穿越物体的限制高度和要求，必要时安装视频监控系统。

十一、防止爆破作业措施

（一）地方政府已出台电力设施保护区施工许可制度（办法）的地方，应促请政府将爆破作业纳入许可内容。

（二）严禁在架空电力线路水平距离500m范围内进行爆破作业，因工作需要必须进行爆破作业的，应要求作业单位按照国家有关法律、法规，采取可靠的安全防范措施，并征得设施管理单位书面同意，报经政府有关管理部门批准。

（三）设施管理单位应清理辖区内可能影响输电线路的施工爆破作业点，建立台账，加强监控，责任到人。定期开展对爆破作业施工现场的巡视、检查，在重点爆破施工作业地段安装在线视频监测装置，或派员值守，落实实时监控。

（四）发现爆破作业安全隐患，设施管理单位应及时送达书面隐患整改通知书。对不听劝阻、不采取安全措施进行爆破作业的，应将作业情况抄报政府有关部门，提请政府行政手段予以制止。

（五）爆破施工单位在爆破作业开工前，必须对全体施工人员尤其是爆破操作相关人员进行安全教育，清楚爆破作业附近电力设施情况，并掌握爆破作业过程中的电力设施防护措施。

（六）爆破施工单位必须安排专人管理爆破现场。爆破当日开工前，必须将用于爆破时覆盖炮眼的胶皮、铁板等摆放在施工现场。开始爆破前，管理员必须检查爆破数量、炮眼覆盖情况和其他安全措施落实情况，无安全隐患后方可进行爆破施工。

（七）在电杆、铁塔、拉线等线路保护区禁止爆破开挖施工，在靠近线路保护区爆破应按照《微差控制爆破技术》，采取浅孔、少药松动爆破措施。

（八）在导线下方边导线水平向外延伸10m区域内爆破，必须采取浅孔、少药松动爆破措施，每次起炮不超过4炮，爆破前应先进行试炮，确对高压线安全不构成威胁后方可进行爆破。

（九）在距离边导线50m内10m外的区域爆破，在采取覆盖的同时每次起炮数量可以适当放宽，但禁止一次性大面积成片起炮。

（十）爆破作业中，炮孔的深度和装药量要严格按照要求施工，禁止先装雷管后装炸药。

（十一）爆破作业时必须采用胶皮、铁板对炮眼、炮线进行有效覆盖后，方可进行爆破施工，防止飞石、炮线破坏电力设施。

（十二）爆破作业后，应及时清收现场废弃的炮线，同时检查导线是否挂有炮线，发现问题应立即向电力企业汇报。

（十三）开展防爆破作业专项宣传，培训施工单位安全人员、爆破作业人员，在工地现场张贴、发放宣传资料，在施工现场设置安全警示标志。

十二、采空区（煤矿塌陷区）隐患治理措施

（一）规划部门应在输、变电设施选址时，尽量避开采空区（塌陷区），确实难以避开，要认真了解掌握地下采空区范围，掌握煤矿采深、采厚及比例等基本参数，开采企业的开采规划和进度，合理选择相对安全可靠的位置。

（二）电力线路经过采空区，应避免使用孤立档，尤其是小档距的孤立档。应尽可能减少转角塔的使用数量，避免采用大转角，并尽量缩短耐张段长度。宜采用根开小的自立式铁塔，不宜选用带拉线的铁塔。所经煤矿采厚比小于100的电力线路，不应采用同塔双（多）回线路。

（三）电力设施的设施管理单位要加强与煤炭局、国土局的沟通联系，力争使各煤矿、矿山等地下开采企业对其采区范围内所有的电力线路及杆塔进行排查、定位，并布置在采掘工程平面图上。掌握煤矿开采计划及动态情况。要与各煤矿、矿山企业建立常态沟通机制，及时掌握电力线路在采空区、压煤区、压矿区的实际情况，建立采空区台账，纳入日常运维管理。

（四）对于处于采空区的电力设施，要与各煤矿、矿山等企业签订相关协议，要求相关企业及时向设施管理单位通报开采计划和开采信息，确保设施管理单位能提前采取防范措施，防止电力设施发生倒杆断线等突发事件。同时要积极创造条件进行迁移，并取得地方规划的支持，列入地方规划范围。

（五）设施管理单位要加强处于采空区设施的动态监控，通过在线监测装置和人工测量等方式，加强对处在采空区和计采区的杆塔进行监测，并做好详细记录。春季气温回升、夏季雨后要安排特巡，及时掌握采区内地质、环境、杆塔等变化情况。

（六）采空区杆塔倾斜度在规程允许范围内的，可采取释放导地线张力、打四方拉线控制铁塔倾斜、下沉基础加垫板、补强等应急处理措施。采空区杆塔倾斜度超出规程最大允许值时，应采取更换可调式塔脚板的措施，及时调整杆塔倾斜度。同时，要根据现场监测数据及现场塌陷发展变化，杆塔倾斜加剧并进一步恶化时，要及时改变运行方式，并考虑安排进行技术改造。

（七）对于设备区段内已经存在塌陷、滑坡等现象，应立即进行迁址，输电线路可采取改变路径或地下电缆等方式。

附录 C 安全隐患告知书

安全隐患告知书

（样稿）

_____年第_____号

_____：

你单位（户）存在以下危害电力设施隐患：_____

_____

_____

_____

此隐患已严重危及_____
电力线路的安全运行，并将对你单位（户）人身、财产安全构成威胁。

根据《中华人民共和国电力法》、国务院《电力设施保护条例》以及《××省（市）保护电力设施和维护用电秩序规定》等法律法规，请你单位（户）务必在_____日内消除隐患。

若不及时采取相应措施，我公司将根据《中华人民共和国电力法》、国务院《电力设施保护条例》以及《××省（市）保护电力设施和维护用电秩序规定》等法律法规中断你单位（户）供电。如果造成安全生产事故或人员伤亡的，你单位（户）应承担全部赔偿责任和相应法律后果。同时，我公司将报电力管理、安全生产监督管理等政府部门，由其做出相应行政处罚；或向人民法院提起诉讼，追究你单位（户）民事赔偿责任或刑事责任。

签发人：_____

_____年_____月_____日

接受人：_____

抄　送：_____

安全隐患告知书

（回执）

_____：

我单位（户）已接到 20 _____ 年第 _____ 号

《安全隐患告知书》，并采取措施如下：_____

_____

_____

_____

_____

_____

_____

_____

_____

责任人：_____

_____年_____月_____日

（单位盖章）

安全隐患告知书

_____年第_____号

_____：

你单位（户）存在以下危害电力设施隐患：_____

_____

_____

_____

此隐患已严重危及_____

电力线路的安全运行，并将对你单位（户）人身、财产安全构成威胁。

根据《中华人民共和国电力法》、国务院《电力设施保护条例》以及《××省（市）保护电力设施和维护用电秩序规定》等法律法规，请你单位（户）务必在_____日内消除隐患。

若不及时采取相应措施，我公司将根据《中华人民共和国电力法》、国务院《电力设施保护条例》以及《××省（市）保护电力设施和维护用电秩序规定》等法律法规中断你单位（户）供电。如果造成安全生产事故或人员伤亡的，你单位（户）应承担全部赔偿责任和相应法律后果。同时，我公司将报电力管理、安全生产监督管理等政府部门，由其做出相应行政处罚；或向人民法院提起诉讼，追究你单位（户）民事赔偿责任或刑事责任。

签发人：_____

_____年_____月_____日

（单位盖章）

抄　送：_____

附录 D 电力设施保护安全协议

电力设施保护安全协议

（正式用电 样稿）

甲方：
乙方：

项目名称： 用电地址：

为确保安全、可靠供用电，切实保障人身、电网、设备安全，根据《中华人民共和国电力法》《电力设施保护条例》《电力设施保护条例实施细则》《××省（市）保护电力设施和维护用电秩序规定》等法律、法规，经供用电双方协商一致，就公共电力设施保护相关事宜达成如下协议。

一、公共电力设施及其保护区范围

1. _____
2. _____
3. _____
乙方用电地址毗邻甲方上述电力设施保护区或在甲方上述电力设施保护区内。

二、约定事项

1. 甲方有向乙方宣传有关保护电力设施法律、法规的义务。
2. 乙方不得在上述架空线路保护区范围内从事以下任何施工、经营、生产等行为：
a. 堆放谷物、草料、垃圾、矿渣、易燃物、易爆物及其他影响安全供电的物品；
b. 烧窑、烧荒；
c. 兴建建筑物、构筑物；
d. 种植可能危及电力设施安全的植物；
e. 增加被架空电力线路跨越的建筑物、构筑物高度，或者在架空电力线路下堆砌物体，导致安全距离不足的；
f. 攀爬电力杆、塔设施，擅自在架空电力杆、塔上搭挂各类缆线、广告牌等外挂装置；
g. 垂钓活动；
h. 其他危害电力线路设施的行为。
3. 乙方不得在上述电缆线路保护区范围内从事以下任何施工、经营、生产等行为：
a. 堆放垃圾、矿渣、易燃物、易爆物，倾倒酸、碱、盐及其他有害化学物品；
b. 兴建建筑物、构筑物；

c. 打桩、钻探、开挖、爆破作业；

d. 种植树木、竹子；

e. 在江河电缆保护区内抛锚、拖锚、炸鱼、挖沙；

f. 擅自在电缆沟道中施放各类缆线的；

g. 其他危害电力电缆设施的行为。

4. 乙方在上述电力设施保护区内进行下列作业或活动，必须经甲方现场勘察确认并经县级以上地方电力管理部门批准：

a. 在架空电力线路保护区内进行农田水利基本建设工程及打桩、钻探、开挖等作业；

b. 起重机械的任何部位进入架空电力线路保护区进行施工；

c. 小于导线距穿越物体之间的安全距离，通过架空电力线路保护区；

d. 在电力电缆线路保护区内进行作业。

5. 乙方如需在电力设施周围进行爆破作业，必须按照国家有关规定，确保电力设施的安全。

6. 乙方如需在上述电力设施保护范围内从事本协议第二条第 4 款、第 5 款列举的作业或活动，应提出书面安全技术措施并经甲方确认。同时，乙方应接受甲方对电力设施保护的监督，对甲方提出的有关危及电力设施安全的整改要求应及时予以落实。如乙方未按甲方要求及时进行整改，甲方有权按相关规定实施中断供电。

三、违约责任

1. 在供用电合同有效期内，乙方违反本协议第二条约定导致电力设施发生破坏、损坏事件的，甲方有权依法要求乙方进行经济赔偿。乙方应承担有关法律、法规规定的责任，并依法承担相应的连带经济赔偿责任。

2. 经济赔偿标准参照《最高人民法院关于审理破坏电力设备刑事案件具体应用法律若干问题的解释》（法释〔2007〕15 号），包括电量损失金额、修复费用，以及因停电给第三方用户造成的直接经济损失。

3. 在供用电合同有效期内，乙方违反本协议第二条约定导致停电故障的，造成的自身损失由乙方自行承担，甲方免责。

四、附则

1. 甲乙双方自本协议签订后都应严格履行协议，在协议执行过程中如有矛盾双方协调解决，协商不成的双方一致同意提请 _____ 仲裁委员会申请仲裁。

2. 本协议作为供用电合同的附件。

3. 本协议正本一式两份，甲、乙双方各执一份；副本一式两份，甲、乙双方各执一份。

甲方（章）：	乙方（章）：
联系人：	法人代表或代理人：
联系电话：	联系电话：
	年　月　日

电力设施保护安全协议

（临时用电　样稿）

甲方：

乙方：

项目名称：　　　　　　　　　　　　　用电地址：

为确保安全、可靠供用电，切实保障人身、电网、设备安全，根据《中华人民共和国电力法》《电力设施保护条例》《电力设施保护条例实施细则》《××省（市）保护电力设施和维护用电秩序规定》等法律、法规，经供用电双方协商一致，就临时用电施工作业中公共电力设施保护的相关事宜达成如下协议。

一、公共电力设施及其保护区范围

1. _____

2. _____

3. _____

二、施工作业范围：_____。

三、保护措施

1. _____

2. _____

3. _____

四、约定事项

1. 甲方有向乙方宣传有关保护电力设施法律、法规的义务。

2. 甲方应将施工区域或施工地段内与输、配电电力设施交会处的施工危险点向乙方进行安全交底。

3. 甲方有义务帮助乙方审查乙方书面编制的在电力线路保护区范围内施工作业的安全技术措施。

4. 乙方应负责与承包的各施工单位签订保护电力设施安全运行的"安全协议"，明确施工单位的安全责任。

5. 乙方在电力设施保护范围内施工作业过程中，应派专人进行监护，监督施工队伍认真落实电力设施安全措施，确保电力设施安全。

6. 乙方应接受甲方对电力设施保护的监督，对甲方提出的有关危及电力设施安全的整改要求应及时予以落实。如乙方未按甲方要求及时进行整改，甲方有权按相关规定实施中断供电。

7. 乙方在施工中遇到异常情况应立即停止施工，保护好现场，并立即与甲方联系。

五、赔偿责任

1. 乙方未及时按甲方的整改要求进行整改从而引发事故的，应承担相应的法律责任。

2. 如发生因乙方及其承包方施工原因导致电力设施发生破坏、损坏事件的，甲方有权依法要求乙方和肇事方进行经济赔偿。乙方和肇事方（或肇事者）应承担有关法律、法规规定的责任，并依法承担相应的连带经济赔偿责任。

3. 经济赔偿标准参照《最高人民法院关于审理破坏电力设备刑事案件具体应用法律若干问题的解释》（法释〔2007〕15号），包括电量损失金额、修复费用，以及因停电给第三方用户造成的直接经济损失。

六、附则

1. 本协议作为供用电合同的附件。

2. 本协议正本一式两份，甲、乙双方各执一份；副本一式两份，甲、乙双方各执一份。

甲方（章）：　　　　　　　　　　乙方（章）：

联系人：　　　　　　　　　　　　法人代表或代理人：

联系电话：　　　　　　　　　　　联系电话：

　　　　　　　　　　　　　　　　　　年　　月　　日

附录 E 电力设施安全保护工作检查考核评分表

项目编号		考核项目	评分标准	考评得分
组织保障（23分）	1	各单位应加强和规范电力设施安全保护工作，建立并完善内部管理机制。 （一）经地方各级人民政府审批确定的治安保卫重点单位应设置专职治安保卫机构，配定专职治安保卫人员； （二）确定电力设施保护归口管理部门，明确单位内部保卫、安监、运检、农电、法律、营销、基建、物资等相关部门电力设施安全保护职责； （三）制定电力设施安全保护工作制度，明确保护工作方法、程序和方法，并保证各项制度落到实处	共9分。 （一）5分。网省公司未设置电力设施安全保护机构的扣3分；未设置电力设施安全保护岗位的扣2分； （二）2分。未确定电力设施安全保护归口管理部分的扣1分；未明确各部门电力设施安全保护职责的扣1分； （三）2分。电力设施安全保护工作制度应至少包括专业管理、技术防范、监督检查等方面的制度，缺少一个制度扣0.5分	
	2	加强电力设施安全保护培训工作，不断提高从业人员专业能力，每年组织不少于1次电力设施安全保护专业培训班	共2分。 年度未组织培训班的扣2分	
	3	积极推进保护电力设施政企共建、警企共建和群防群治工作。 （一）协调当地政府公安部门建立健全电力设施安全保护工作机制，成立驻电力企业警务组织机构，指导企业开展电力设施安全保护工作，有效防范和打击盗窃破坏电力设施违法犯罪活动； （二）协调当地政府电力管理部门建立健全电力设施安全保护行政执法工作机制，加大对外力损坏电力设施事件（事故）的查处和追究力度，保证及时消除危及电力设施安全运行的隐患； （三）建立群众护线工作机制。根据输电线路运行特点，酌情聘用沿线地方群众配合企业做好电力设施保护工作，提高巡线保护质量和时效性	共8分。 （一）3分。成立省、地（市）级警务组织机构数量占地（市）公司总数的50%及以上的，不扣分；30%~50%的扣1分；30%以下的扣2分；未开展此项工作的扣3分； （二）3分。成立省、地（市）级电力设施保护行政执法机构数量占地（市）公司总数的30%及以上的，不扣分；10%~30%的扣1分；10%以下的扣2分；未开展此项工作的扣3分； （三）2分。高于70%地（市）公司总数建立群众护线机构的不扣分；40%~70%的扣1分；40%以下的扣2分	
	4	按照《财政部、公安部、国家税务总局关于石油天然气和"三电"基础设施安全保护费用管理问题的通知》（财企〔2010〕291号）和《财政部关于企业油气和"三电"基础设施安全保护费用财务管理问题的通知》（财企〔2010〕290号）的要求，为开展电力设施安全保护工作专门提供经费保障	共4分。 （一）2分。未明确电力设施安全保护工作经费来源和取费标准的扣1~2分； （二）2分。未将电力设施安全保护费纳入各级电力企业预算管理，做到专款专用的，扣1~2分	

续表

项目编号	考核项目	评分标准	考评得分
组织保障（23分） 4	（一）按照国家电网有限公司《关于印发〈国家电网有限公司电网检修运维和运营管理成本标准（试行）〉的通知》（国家电网办〔2009〕1295号）规定，明确电力设施安全保护工作经费来源和标准； （二）将电力设施安全保护经费纳入预算管理，专款专用		
5	各单位应落实各项治安防范措施，切实防范盗窃破坏电力设施案件的发生。 （一）盗窃破坏电力设施发案率保持稳中有降； （二）不发生影响恶劣的盗窃破坏电力设施重大案件； （三）不发生企业内部人员监守自盗案件，不发生企业内部人员与结盟破坏案件、工程外包施工人员与线路代维	共7分。 （一）2分。盗窃破坏10kV及以上电力设施案件同比上升30%及以上的扣2分；同比上升10%～30%的扣1分； （二）4分。因盗窃或破坏案件引发重大及以上电力安全生产事故的，扣4分；引发较大电力安全生产事故的，每起扣2分； （三）1分。年度发生企业内部人员监守自盗案件，或企业内部人员与结盟破坏案件、工程外包施工人员与线路代维、内部人员与内外勾结破坏案件的扣1分	
安全管理（25分） 6	建立完善电力设施巡护机制，有效整合巡护力量，加强护线工作。 （一）建立巡视检查处理制度、监督、内容、周期、内容、记录； （二）建立线路通道管理制度，明确线路通道管理责任人、管理方法、隐患分类与处置方法； （三）建立内部监督检查制度，明确监督检查组织、内容、方法、考核与奖惩	共3分。 （一）1分。未建立巡视检查处理制度并实施的，扣1分； （二）1分。未建立线路通道管理制度并实施的，扣1分； （三）1分。未建立内部监督检查制度并实施的，扣1分	
7	深入排查整改电力设施保护存在的隐患，强化督导问题，及时通报隐患排查治理（专项）活动，促请改，落实责任，追究违法通报问题，及时发现和通报问题 （一）开展电力设施安全保护工作的指导、监督、检查，及时通报破坏外力破坏隐患排查治理、府有关部门依法查处隐患整改； （二）供电公司电力设施保护管理部门要对系统内各单位发挥监督作用，及时发现和通报问题和落实整改	共3分。 （一）2分。每年至少开展2次外力破坏隐患排查治理活动，每少1次扣1分； （二）1分。电力设施保护管理部门每年对所属单位最少督查2次，每少1次扣0.5分	

项目编号		考核项目	评分标准	考评得分
安全管理（25分）	8	对重要部位、重要设施实施重点保护，制定完善突发事件处置预案，加强实战演练，切实做好应急处置工作准备。 （一）明确本单位重要部位和重要设施； （二）完善重要部位和重要设施的人防、物防和技防措施； （三）制订并不断完善现场处置方案，组织开展实战演练，做好应急准备	共3分。 （一）1分。未明确本单位重要部位和重要设施的扣1分。 （二）1分。未完善重要部位和重要设施的技防、物防和人防措施的，发现1处扣0.5分； （三）1分。未制订完善现场方案的，发现1处扣0.5分；未做好应急准备的扣0.5分	
	9	严密治安防控，确保重大节日、重大活动期间和特殊时期重要电力设施运行安全	共2分。 重大活动期间或特殊时期，发生影响恶劣盗破案件的，每发生1起扣1分；重大节日、重大活动期间或特殊时期，要求制订电力设施安全保护工作方案，未制订的，扣2分；未落实的，扣1分	
	10	加强内部人员教育管理和工程外包施工队伍监管，建立外包施工队伍管理信息和违法违规施工队"黑名单"，规范电力工程车辆使用和管理	共2分。 未对企业内部人员进行法律法规教育宣传的，扣1分；未建立外包施工队伍信息管理的，扣1分；未规范电力工程车辆管理的，扣0.5分	
	11	规范报废的电力设施器材销售工作，统一销售凭证，实行定点销售	共1分。 未规范报废电力设施器材销售工作的扣1分，未进行定点销售的扣0.5分	
	12	对各类外力损坏隐患，应制定和落实相应的防范措施，有效控制外力损坏电力设施事件（事故）的发生	共4分。 未根据本地实际情况制定重大外力损坏隐患防范措施的扣2分；措施未有效落实的扣1~2分	
宣传教育（8分）	13	变电站、输电线路、调控中心、通信机房等重要设施或重要部位安全防范建设标准应适应达到国家、行业及地方相关标准和企业标准	共2分。 建设标准低于国家、行业标准的，扣1分；现场未达到企业标准要求的，发现1处扣0.5分	

项目编号	考核项目	评分标准	考评得分
14	新建输电、变电、配电、发电等电力设施的安全防范设施建设应与电力工程建设同规划、同设计、同施工、同验收、同使用，已运行的电力设施中不符合安全防范技术标准的，应制订整改计划逐步改造	共3分。 发现1处非"五同时"的，扣0.5分；已运行的电力设施中，不符合安全防范技术标准的，不能提供安全防范改造计划的，扣1分	
15	加强重要电力设施安全技术防范工作。 （一）500kV及以上变电站、重要负荷变电站，应安装人侵防盗报警装置，安防视频监控系统，实体防护等安全防范设施，入侵告警信号宜因地制宜与110报警服务台实施联网； （二）无人值守变电站应安装人侵报警和火灾报警系统，且保证人侵告警信号和火灾报警能够上传到调度（集控）中心，重要变电站入侵防盗报警信号应实施联网； （三）重要输电线路应对其塔材、拉线（棒）采取安装防盗螺母、防盗割护套、防盗报警装置等防护措施，并设置防童防盗装置。 （四）重要用户开闭所、重要台变等配电设施应安装防人侵防盗报警装置	共8分。 （一）3分。500kV及以上变电站，重要负荷变电站安防设施不符合标准的，发现1处扣0.5分。符合条件时，人侵告警信号未与110报警服务台联网的，发现1处扣0.5分。 （二）2分。无人值守变电站人侵告警信号上传到调度（集控）中心的比例（上传变电站数/变电站总数）大于70%的不扣分，40%~70%的扣0.5分，低于40%的扣1分；无人值守变电站火灾报警信号上传到调度（集控）中心的比例（上传变电站数/变电站总数）大于70%的不扣分，40%~70%的扣0.5分，低于40%的扣1分，未开展此项工作的扣2分。 （三）2分。重要输电线路采取防盗、防童等技防措施，技防率小于70%的扣2分；70%~90%的扣1分；重要用户开闭所，技防率在70%~90%的扣0.5分。 （四）1分。重要台变等配电设施技防率小于70%的扣1分；技防率在70%~90%的扣0.5分	
宣传 教育 （8分） 16	输变电设施应依法规安装显著的警告、警示牌等标识	共2分。 未依法规安装明显警告、警示牌等标识的，发现1处扣0.2分	
17	积极开发、推广应用电力设施安全保护新技术、新产品	共1分。 未开发、未推广应用电力设施安全保护新技术、新产品的，扣1分	
18	充分发挥专业优势，大力宣传有关法律法规，盗窃破坏电力设施的严重危害和保护电力设施安全的重要意义，教育引导群众积极参与和支持电力设施安全保护工作，不断提高全社会保护电力设施的自觉性和主动性	共1分。 未开展宣传的扣1分	

项目编号		考核项目	评分标准	考评得分
宣传教育（8分）	19	定期组织开展电力设施安全保护宣传月（周）活动，在重要电力线路沿线衣村、城乡接合部、外来人口聚居区、废旧物品收购站点加强宣传教育	共3分。未开展宣传月（周）活动的，扣2分；未到重点地段进行宣传的，扣1分	
	20	协调有关行业主管部门、施工企业对大型施工机械操作人员加强宣传培训，预防和减少外力损坏电力设施事件（故）	共2分。地（市）公司总数的30%及以上未开展宣传培训的扣2分；10%~30%未开展宣传培训的扣1分	
	21	各单位应当建立举报奖励制度，对举报有功人员给予奖励；对在保护电力设施工作中做出突出贡献的先进集体和先进个人给予表彰	共2分。没有举报奖励制度的扣1分；没有对在保护电力设施工作中做出突出贡献的先进集体和先进个人给予表彰的，扣1分	
外部协作（20分）	22	各单位应当建立电力设施保护工作外部协作机制，在当地政府的领导下开展电力设施安全保护工作，积极参加各级政府级电力设施保护领导小组和"三电"设施安全保护联席会议，落实领导小组或联席会议布置的电力设施保护工作，定期汇报电力设施保护工作开展情况	共3分。参加省、地（市）级政府电力设施保护领导小组数量占省、地（市）公司总数的50%及以上的不扣分；30%~50%的扣1分，地（市）公司总数的30%以下的扣分；未开展此项工作的扣3分；参加省、地（市）"三电"设施安全保护联席会议数量占省、地（市）公司总数50%及以上的不扣分；30%~50%的扣1分；30%以下的扣2分；未开展此项工作的扣3分；未落实领导小组或联席会议布置的电力设施保护工作的，扣1~2分；未定期汇报工作开展情况的，扣1分	
	23	促请当地政府电力管理部门加强对电力设施保护区内施工作业许可管理，预防和减少因施工造成的外力损坏电力设施事件（事故）	共5分。地（市）公司总数的60%及以上实施许可管理的不扣分；50%~60%的扣1分；40%~50%的扣2分；30%~40%的扣3分；30%以下的扣5分	

项目编号		考核项目	评分标准	考评得分
外部协作（20分）	24	根据治安状况，适时商请公安机关组织开展区域性打击整治行动，挂牌整治盗破案件高发地区，挂牌督办重特大盗破案件，严厉打击盗窃破坏电力设施违法犯罪活动	共5分。对重特大盗破案件、盗破案件高发地区未开展区域性打击整治行动的扣3分；重特大盗破案件、盗破案件高发地区数量同比上升20%以上的扣2分。	
	25	协调省、市、县政府部门将电力设施安全保护工作纳入社会治安综合治理责任目标和平安创建活动内容，层层落实领导责任、单位部门责任、岗位责任和责任追究制，进一步细化考核机制，严格考核奖惩，确保电力设施安全保护各项措施有效落实	共7分。政府部门未将电力设施安全保护工作纳入社会治安综合治理责任目标和平安创建活动内容的扣5分。县级公司、地（市）、县级公司未建立责任制数量占总数的50%及以上的扣4分；30%～50%的扣3分；10%～30%的扣2分。未建立责任制不落实扣1分。	
	26	建立电力设施安全保护工作台账和技术台账	共2分。未建立电力设施安全保护工作台账的扣1分；未建立技术台账的扣1分。	
信息交流（6分）	27	做好电力设施安全保护信息上报工作。（一）按时上报报表和工作总结；（二）及时上报重大案件、事件和有关信息；（三）按照工作要求及时上报相关材料	共2分。（一）未按时上报报表和工作总结的，发生1次扣0.5分；（二）未及时上报有关信息，事件和有关案件，发生1次扣0.5分；（三）未按照工作要求及时上报相关材料，发生1次扣0.5分。	
	28	加强电力设施安全保护信息交流，促进单位之间、地区之间相互协作，适时开展专项调研、技术研讨和经验交流活动	共2分。未开展信息交流的扣1分；未开展专项调研、技术研讨和经验交流活动的扣1分。	
检查考核（2分）	29	供电公司应根据本办法和当地工作实际情况，制定实施细则，分别对所属单位将工作开展情况进行检查，并在每年12月10日前将工作开展情况报送公司设备管理部	共2分。未制定实施细则扣1分；未对所属基层单位开展检查考核扣1分；未按照工作开展情况上报的扣0.5分。	

附录 F 典型案例

F.1 违章建房法院判令拆除典型案例

【案情陈述】

某县供电公司人员巡线发现，吕某在某电力线路下私建住宅，对其发放了安全隐患整改通知书，吕某虽签收但不听劝阻，供电公司在向土地管理局和街道办事处发出协助函并与吕某协商未果的情况下，依法向法院提起诉讼，请求判令吕某停止侵害、排除妨碍，拆除建于电力线路保护区内的违章建筑。

审理中，经双方协商一致，法院委托某电力行业协会对被告房屋及院落是否在原告所辖的110kV架空电力线路保护区内做出鉴定，该协会经实地勘测出具鉴定结论：不论按一般地区还是按厂矿、城镇、集镇、村庄等人口密集地区，吕某的房屋都在原告所辖110kV电力线路保护区内。庭审中，原告、被告对该份鉴定结论的真实性、合法性、关联性均无异议。

法院认为，根据鉴定结论，被告吕某兴建的房屋在原告所辖的110kV架空电力线路保护区内。依据《中华人民共和国电力法》及国务院《电力设施保护条例》规定，任何单位和个人都不得在依法划定的电力线路保护区内兴建建筑物、构筑物。而被告吕某经原告供电公司数次劝阻无效仍建起房屋，其违法行为不仅危及电力设施安全，还将对被告及其家人的生命财产安全造成严重威胁，遂判决被告吕某限期拆除在原告供电公司所辖110kV架空电力线路保护区内所建房屋，并承担案件受理费及其他诉讼费用。

【法理评析】

本案是一起比较典型的供电企业主动通过法律途径请求停止侵害、排除妨碍，事前防范风险的维权案例。有些单位和个人法律意识淡薄，往往置安全隐患于不顾，在架空电力线路保护区内兴建违章建筑，一旦发生事故，既可能危及电力设施安全，导致停电，也可能给自身造成财产或人身损害。如何有效制止在电力架空线路保护区内违章建设建筑物、构筑物，防患于未然，是供电企业应着重研究和解决的问题。

《中华人民共和国电力法》第五十三条规定："任何单位和个人不得在依法划定的电力设施保护区内修建可能危及电力设施安全的建筑物、构筑物，不得种植可能危及电力设施安全的植物，不得堆放可能危及电力设施安全的物品。在依法划定电力设施保护区前已经种植的植物妨碍电力设施安全的，应当修剪或者砍伐。"国务院《电力设施保护条例》第十五条也规定："任何单位或个人在架空电力线路保护区内，必须遵守下列规定：（一）不得堆放谷物、草料、垃圾、矿渣、易燃物、易爆物及其他影响安全供电的物品；（二）不得烧窑、烧荒；（三）不得兴建建筑物、构筑物；（四）不得种植可能危及电力设施安全的植物。"

综上所述，在电力设施保护区内修建建筑物、构筑物是法律明确禁止的。但当前架空电力线路保护区内的违章建筑相当普遍，主要原因在于电力行政执法缺位，而供电企业又不具有行政执法权，面对危害电力设施的违章建筑等留有安全隐患的情况常常无能为力，只能提请电力行政管理部门责令拆除，或者以相邻损害防免关系纠纷为案由提起民事诉讼，请求人民法院判决侵害人停止侵害、排除妨碍、消除危险。

【经验启示】

在架空电力线路保护区内修建违章建筑，可能会危及电网安全运行和沿线单位、群众的人身、财产安全。供电企业应及时制止危险行为，排除安全隐患。

要注意保全证据。如果侵害电力线路安全的单位或者个人拒绝在供电企业直接送达的安全隐患整改通知书上签字，可以联系公证机关采用公证送达或邀请当地居委会（村委会）送达的方式。

及时采取法律救济手段。如果侵害电力线路安全行为的单位或者个人拒不按照供电企业的整改通知进行整改，或者政府部门未能采取强制拆除、排除障碍的措施，可向人民法院提起民事诉讼，要求停止侵害、排除妨碍、消除危险。

F.2 施工作业挖断电缆赔偿典型案例

【案情陈述】

原告某省检修公司运维的某 220kV 变电站与被告某林业开发公司所占土地相邻。被告方负责人李某在原告毫不知情的情况下，雇人使用挖掘机在变电站围墙外已设立警示标志的电力设施保护区内施工，挖断了变电站的控制电缆，造成电力输送中断，给原告造成直接经济损失 47 万元。同时，被告施工时还掩埋了变电站的排水口，导致雨后变电站内积水无法排出。事故发生后，原告多次耐心和被告协商修复和赔偿事宜，但被告坚持认为在自有土地内有权施工，对挖断原告电缆一事自身没有过错，不承担责任。原告某省检修公司随即起诉至某市人民法院，请求法院判令被告某林业开发公司赔偿原告直接经济损失。

法院经审理认为：李某作为某林业开发公司负责人，在变电站围墙外现场指挥施工过程中，应当看到埋设地下电缆的警示标志而未注意，以致挖断电缆造成原告损失，具有重大过失，应承担赔偿责任；对原告某省检修公司的损失，即控制电缆抢修、恢复费用 47 万元，系实际支出费用，属直接经济损失，依法予以认定。考虑到原告、被告今后还要长期相邻共处，为了构建和谐的相邻关系，在法院主持调解下，双方当事人在互谅互让的基础上自愿达成如下协议：① 被告某林业开发公司赔偿某省检修公司经济损失 47 万元；② 被告与原告就排水等涉及相邻权的事项签订协议，明确双方权利义务，避免今后发生相关纠纷。

【法理评析】

近年来，危害电力设施安全的案件频发，除犯罪分子的偷盗破坏外，野蛮施工等外力破坏事件也呈多发态势，严重影响了电网安全运行。本案即为一起较为典型的电力设施人为外力破坏案件，在审理中争议的焦点就是案件当事人的责任认定问题，即被告在本案中是否存有过错，这是决定其是否承担赔偿责任的前提条件。

《中华人民共和国电力法》第五十四条规定："任何单位和个人需要在依法划定的电力设施保护区内进行可能危及电力设施安全的作业时，应当经电力管理部门批准并采取安全措施后，方可进行作业。"第六十八条规定："违反本法第五十二条第二款和第五十四条规定，未经批准或者未采取安全措施在电力设施周围或者在依法划定的电力设施保护区内进行作业，危及电力设施安全的，由电力管理部门责令停止作业、恢复原状并赔偿损失。"

国务院《电力设施保护条例》第九条规定的电力线路设施的保护范围包括电力电缆线路，即"架空、地下、水底电力电缆和电缆联结装置，电缆管道、电缆隧道、电缆沟、电缆桥，电缆井、盖板、人孔、标石、水线标志牌及其有关辅助设施"。该条例第十七条还规定："任何单位或个人必须经县级以上地方电力管理部门批准，并采取安全措施后，方可进行下列作业或活动：……在电力电缆线路保护区内进行作业。"

《中华人民共和国物权法》第九十一条规定："不动产权利人挖掘土地、建造建筑物、铺设管线以及安装设备等，不得危及相邻不动产的安全。"可见，被告某林业开发公司挖断的电缆属于受法律保护的电力设施范畴，该公司在施工前既未告知该电力设施产权人，也未采取任何安全措施，无视地面警示标志的存在违章施工挖断电缆，在诉讼中也承认挖断电缆的事实，已经构成侵权，应当依法承担民事赔偿责任。

另外，某林业开发公司掩埋变电站的排水口也是违反法律规定的。变电站四周都是该公司占用的土地，原变电站排水口及排水管只能经过该公司所占有土地的低洼地带。《中华人民共和国物权法》第八十四条规定："不动产的相邻权利人应当按照有利生产、方便生活、团结互助、公平合理的原则，正确处理相邻关系。"第六十八条进一步规定："不动产权利人应当为相邻权利人用水、排水提供必要的便利。对自然流水的利用，应当在不动产的相邻权利人之间合理分配。对自然流水的排放，应当尊重自然流向。"经过被告土地铺设排水管道是原告唯一的选择，因此被告依法具有允许原告经过其土地排水的义务。被告掩埋水口，影响原告生产生活，有义务恢复原状。

【经验启示】

针对电力设施外力破坏事件，电力企业应当学会运用法律武器，积极维护自身合法权益。本案中，电力企业通过诉讼途径维权给出的启示有：

案发后要第一时间报警，增强打击破坏电力设施行为的威慑力。强化证据收集意识。电力设施被破坏后，电力企业除积极抢修外，一定要注重固定证据，包括现场破坏情况、警方的认定情况、损失情况等。做好安全警示标志的维护。电力企业可在《电力设施保护条例实施细则》第九条规定的架空电力线路穿越的人口密集地段或人员活动频繁的地区，车辆、机械频繁穿越架空电力线路的地段以及电力线路上的变压器平台等地点设置安全警示标志，在地下电缆通道设置警示标桩，并加强对安全警示标志的维护，确保标志完好，履行安全警示告知职责。此外，还要通过发放宣传单、告诫警示等方式加强电力设施安全知识宣传。积极运用诉讼手段维权。电力企业在发生外力破坏电力设施案件后，应当积极行使自己的民事诉权，要求恢复原状、赔偿损失；情节严重的，可向公安机关举报要求追究其刑事责任，增加侵权人的违法成本。

F.3 故意破坏电力设施获刑典型案例

【案情陈述】

某供电公司新建输电线路，路径经过潘某家的农田，供电公司按照政府相关赔偿标准给予了相应补偿，但潘某索要补偿款价格过高，供电公司无法承担。在遭到拒绝后，潘某深夜氧割破坏两座铁塔。供电公司发现铁塔损坏后第一时间与警方取得联系，经现场勘查与评估，造成经济损失300余万元。警方将犯罪嫌疑人潘某抓获，公安局按照刑事案件立案侦查，检察院提起诉讼，法院公开审理。

【法理评析】

本案是一起非常典型的破坏电力设备的案件。破坏、盗窃电力设施违法犯罪活动，不仅严重危害电网的安全运行，而且给国家和企业造成了重大经济损失，直接影响工农业生产和人民群众的生活秩序，危及经济发展和社会稳定。

破坏电力设备罪是指故意破坏电力设备、危害公共安全的行为。本罪侵犯的对象是正在使用的电力设备，包括用来发电、供电、输电、变电的各种公共设备，如变压器、输电线路、计量仪表装置、铁塔等。破坏电力设备罪的方法包括毁坏、拆卸、隔断等。根据《最高人民法院关于审理破坏电力设备刑事案件具体应用法律若干问题的解释》，上述"电力设备"是处于运行、应急等使用中的电力设备，包括已经通电使用，只是由于枯水季节或电力不足等原因暂停使用的电力设备；已经交付使用但尚未通电的电力设备。不包括尚未安装完毕，或者已经安装完毕但尚未交付使用的电力设备。另外，犯罪的主观方面是故意，即行为人明知其破坏电力设备的行为会发生危害社会公共安全的后果，并且希望或者放任这一结果的发生，犯罪的动力多是为了贪图钱财，也可能是泄愤报复，嫁祸他人或出于其他动机。

按照《中华人民共和国刑法》第一百一十八条、第一百一十九条和《最高人民法院关于审理破坏电力设备刑事案件具体应用法律若干问题的解释》的规定，破坏电力设备罪尚未造成严重后果的，处三年以上十年以下有期徒刑，造成严重后果（如造成一人以上死亡、三人以上重伤或者十人以上轻伤；造成一万以上用户电力供应中断六十小时以上，致使生产、生活受到严重影响；造成直接经济损失一百万元以上的，处十年以上有期徒刑、无期徒刑或者死刑。盗窃电力设备，危害公共安全，但不构成盗窃罪的，以破坏电力设备罪处罚；同时构成盗窃罪和破坏电力设备罪的，依照《中华人民共和国刑法》处罚较重的规定定罪处罚。盗窃电力设备，没有危及公共安全，但应当追究刑事责任的，可以根据案件的不同情况，按照盗窃罪等犯罪处理。

当前破坏、盗窃电力设备犯罪频发的原因主要有：

（1）监管难度大，力量弱。电线、电缆等电力设施具有点多、线长、量大的特点，且暴露在户外，管理难度较大。

（2）废品收购站数量多，管理不够规范。非法收购电线、电缆等电力设备的现象较为普遍，被盗的电线、电缆大多以废铜的价格流向不法废品收购点，因为互利，不法废品收购点不但不追问电线、电缆等货物的来源，而且随到随收，甚至还帮助销赃。

（3）预防和打击力度还不够。一方面没有真正建立起群防群治、有效预防、减少犯罪的综合治理机制；另一方面，由于犯罪分子得手后，赃物脱手转移快，缺乏现场证据，公安机关很难定性、定案，而且很多案件造成的直接经济损失不大，间接经济损失又难以认定，有一定处理难度。

（4）犯罪分子法治观念淡薄。涉案人员认识不到破坏电力设备犯罪的严重危害性，不惜铤而走险，以身试法。

【经验启示】

保护电力设施是全社会的共同责任。为维护电力设施安全和正常的供用电秩序，确保社会公共安全，依法惩治破坏电力设备违法犯罪行为，需要动员全社会各方力量与破坏电力设施犯罪行为作斗争，从根本上遏制破坏、盗窃电力设施案件的高发态势，保证经济大动脉畅通无阻。本案严厉打击了破坏电力设施的犯罪分子，给个别贪图私利、藐视法律的人员敲响了警钟。

（1）供电企业要加强自保工作。要建立电力设施保护的长效机制，完善以技防、物防、人防和其他有效防范措施组成的安全防范网络，加强对电力设施的巡视力度，对案件多发地段要加大巡视次数，加强技术更新改造，对拉线、塔材等设施安装防盗设备，不断提高电力设施保护的自防能力。

（2）建立警企联合保护电力设施的工作机制，发动沿线群众保护电力设施，形成打击破坏、盗窃电力设施犯罪的合力。由公安机关、检察机关、法院、电力行政管理部门及供电企业等单位建立联席会议制度，互通情况，集体协商对策，以达成共识、形成合力，联合开展专项行动，加大打击、惩处破坏盗窃电力设施犯罪的司法力度。供电企业在发生破坏电力设施案件或者发现破坏电力设施线索后在第一时间向公安机关报案，请求抓紧立案并协助其尽快侦查破案，依法从严惩治犯罪分子。

（3）规范废品收购行业，堵塞销赃渠道。针对收购、销售被盗电力设施情况突出的现象，配合公安机关会同工商管理部门加强综合治理，对非法收购、销售电力设施的行为严厉查处，以此掐断销售渠道。对违法废品回收站点，要加大处罚力度，除了罚款和吊销营业执照外，对触犯刑法的责任人，还应追究其刑事责任。对窝藏、收购、销售被盗电力设施的犯罪分子依法予以严惩，对于明知是犯罪所得的电力设施而予以窝藏、转移、收购或者代为销售的，按照《中华人民共和国刑法》第三百一十二条的规定，从重处罚，绝不能让废品回收部门成为犯罪分子的销赃渠道。

（4）加大法制宣传教育力度，营造良好的法治环境。充分利用地方电视台、广播、报纸等媒体资源，开展预防和打击破坏电力设施违法犯罪行为专项宣传教育活动，结合典型案例教育公民认识破坏电力设施的危害性、严重性，发动群众积极举报破坏电力设施的违法犯罪行为，广泛营造依法保护电力设施的良好氛围。

F.4 违法种树公审强制清理典型案例

【案情陈述】

某送电工区运行人员在巡线过程中，发现刘某某种植的11棵超高树木长期影响某电力线路的安全，但是刘某某拒不处理，在多次发放书面通知无效的情况下，依照《××省电力设施保护条例》第十六条"在已建架空线路保护区内种植树木时，树木所有者或管理者应当征得当地电力管理部门和电力企业同意后，方可种植不影响电力设施安全运行的树木"及《电力设施保护条例实施细则》第十八条"电力企业对已划定的电力设施保护区域内新种植或自然生长的可能危及电力设施安全的树木、竹子应当予以砍伐，并不予支付林木赔偿费、林地补偿费、植被恢复等任何费用"等规定，认定刘某某在架空电力线路保护区内种树，属违法行为，无奈之下供电公司向法院提起诉讼。法院公开审理了本案。判定被告人刘某某承担全部责任，并自行清理电力线路保护区内全部树木。

【法理评析】

本案涉及的输电线路建设时均已取得政府土地管理、规划等相关部门的同意，投运前建设单位明确告知土地使用人在输电线路通道内不能种植树木。《中华人民共和国电力法》第五十三条第二款规定："任何单位和个人不得在依法划定的电力设施区内修建可能危及电力设施安全的建筑物、构筑物，不得种植可能危及电力设施安全的植物，不得堆放可能危及电力设施安全的物品。"《电力设施保护条例》第十五条规定："任何单位或个人在架空电力线路保护区内，必须遵守下列规定：……（四）不得种植可能危及电力设施安全的植物。"《××省电力设施保护条例实施办法》第十六条也规定："在已建架空电力线路保护区内种植树木时，树木所有者或者管理员负责修剪，保持树木自然生长最终高度与导线之间的安全距离。"

这些规定充分说明保障电力线路安全的重要性，从立法上确定了电力线路下种植可能危及电力设施安全的植物的违法性。本案中，刘某某因其违法行为所主张的财产损失自然不应受法律保护。

《电力设施保护条例》第二十四条第二款规定："在依法划定的电力设施保护区内种植的或自然生长的可能危及电力设施安全的树木、竹子，电力企业应依法予以修剪或砍伐。"《电力设施保护条例实施细则》第十八条第二款规定："电力企业对已划定的电力设施保护区内新种植或自然生长的可能危及电力设施安全的树木、竹子，应当予以砍伐，并不予支付林木赔偿费、林地补偿费、植被恢复等任何费用。"因此，供电企业工作人员要求其砍伐树木，于法有据。

供电企业工作人员发现刘某某种植的树木影响电力线路安全时，已告知栽种人应对其在电力线路通道内危及电力线路安全的树木予以修剪或砍伐，并多次进行劝解，且该输电线路杆塔上安装有"线路通道内禁止种树"字样的警示牌，都能证明供电企业已尽到告知义务。

【经验启示】

《中华人民共和国电力法》《电力设施保护条例》都明确禁止在电力设施保护区内种植可能危及电力设施安全的植物，但现实中违法植树的情况普遍存在。本案存在《中华人民共和国电力法》与《中华人民共和国森林法》适用相冲突的情况，司法实践中，往往《中华人民共和国电力法》不被重视。供电企业不具有电力行政执法权，如何采取有力措施制止危害电力设施行为，防范电力事故发生，这一问题长期困扰着供电企业。

对此，供电企业可采取以下措施：① 加大对电力设施保护法律、法规的宣传力度；② 坚持定期巡检制度，不放松对电力线路进行安全检查，对在电力线路保护区内侵害电力设施安全的违法行为，要发出安全隐患整改通知书，拒不整改的，依据《中华人民共和国电力法》第六十九条规定提请当地人民政府责令强制拆除、砍伐或清除；③ 要注意保全证据，如对方拒绝在直接送达的安全隐患整改通知书上签字，可以通过邮局用挂号邮寄送达整改通知书，还可通过公证机关公证送达，均不失为保存证据、争取主动的可行措施。

F.5　钓鱼触电诉电力被驳回典型案例

【案情陈述】

2006年7月30日16时左右，某市化肥厂职工王某，在旅游区钓鱼，鱼竿竿头触及上方高压线，王某当即触电死亡。

事后，王某家人以旅游区管理处、供电公司为被告，起诉到人民法院，要求二被告赔偿各项损失共计23万元，被告某旅游区管理处未到庭，亦未提交答辩意见。

供电公司辩称，王某是成年人，应当知晓高压线下不得钓鱼的规定，某旅游区已明确告知其不得在高压线下钓鱼，供电公司也在该区域设有不得钓鱼的警示标志，且该电力线路的高度符合安全标准。王某在高压线下钓鱼的行为，属于电力法规禁止的行为，供电公司没有过错，请求法院依法驳回原告要求供电公司承担赔偿的诉讼请求。

法院经审理查明，某旅游区设有一垂钓鱼池，鱼池上方架设了10kV的高压输电裸线，离地6.53m，被告供电公司在电线杆上设立了"禁止在高压线下钓鱼"的警示标志。被告某旅游区管理处在显著位置设立了"禁止在高压线下钓鱼"的警示标牌，同时在钓鱼票背面印有"不宜在高压线下垂钓，否则责任自负"的警示语。2006年7月30日下午，死者王某到某旅游区购买了门票，进入该旅游区垂钓，肩扛渔竿穿过高压线时不幸触电死亡。

法院认为，某旅游区管理处在门票、入口处、高压电线下均明示了注意安全、禁止钓鱼的事项，已尽到警告责任，对王某死亡的后果无过错，不承担赔偿责任。被告供电公司虽系高压电力线路管理者，但其架设的线路高度符合国家标准，并且在高压线旁设立了明显警示标志，尽到了警示义务，因而不承担责任。事故当事人王某应该预见到肩扛渔竿过高压线具有危险性，而其未采取安全措施从高压线下通过，导致其触电死亡，应对死亡后果负责。法院最终据此判决驳回原告的诉讼请求。

【法理评析】

近年来，在高压线下钓鱼造成人身触电伤亡的案件有所上升，依据《民法通则》第一百二十三条对高度危险作业致人损害的责任规定，属高压触电的，供电企业承担无过错责任，除非有证据证明触电原因是由触电者违反相关电力法律、法规的行为引起的，即证明损害是由受害人故意造成的，才可以不承担民事责任。

《最高人民法院关于审理触电人身伤害赔偿案件若干问题的解释》第三条规定："因高压电造成他人人身损害有下列情形之一的，电力设施产权人不承担民事责任：（一）不可抗力；（二）受害人以触电方式自杀、自伤；（三）受害人盗窃电能，盗窃、破坏电力设施或者因其他犯罪行为而引起触电事故；（四）受害人在电力设施保护区从事法律、行政法规所禁止的行为。"

本案中，电力设施保护区范围内设有明确的禁止垂钓的警示标志，王某作为成年人应当预见到高压线下垂钓可能会触及高压线导电受伤，但仍置景区和供电公司的警示于不顾，属于从事《电力设施保护条例》禁止的行为，由此引起的触电人身伤害后果，应自行承担相应责任。供电企业维护到位，也依法设置了警示标志，履行了安全告知义务，没有任何过错，不应承担法律责任。

《消费者权益保护法》第十一条规定："消费者因购买、使用商品或者接受消费服务受到人身、财产损害的，享有依法获得赔偿的权利。"鱼塘经营者如果明知其顾客在高压线下垂钓可能会产生危险，却没有采取合理的防范措施或向消费者告知危险，导致消费者触电身亡的，应当承担相应的民事责任。本案中，由于某旅游区在景区多处均明示了注意安全、禁止钓鱼的事项，已尽到安全警示责任，故不应承担法律责任。

【经验启示】

大量垂钓触电案件警示我们，无论是从供电安全、确保电力设施安全的公共利益角度考虑，还是从保护垂钓者的人身安全的角度考虑，都一定要严禁在架空电力线路下开挖鱼塘以及垂钓，否则类似本案的触电事故只会频繁出现，严重威胁公民的生命安全，并给供电企业造成巨大损失。

本案的启示如下：

（1）供电企业要严格确保所架设线路完全符合国家相关技术规程规范的规定。供电企业在日常生活中，要注意在高压线路附近人员、车辆通过频繁地点设立安全警示牌，以防受害者以供电企业没有设立安全警示标志、未尽到安全警示义务为由要求供电企业承担赔偿责任的风险。

（2）增强电力线路巡视人员的责任意识，加强对输电线路的巡视，及时发现可能危及线路安全运行的因素并予以消除。对在高压线路下开挖鱼塘或者钓鱼的，要坚决予以制止。并采取防范措施，要在明显位置悬挂"禁止钓鱼"的警示牌。线路跨越鱼塘地段，要及时和鱼塘主人沟通，并签订安全协议。

（3）加大对《电力设施保护条例》有关内容及安全用电、预防触电知识的宣传。向群众发放有关安全用电知识手册，使人们了解擅自在电力线路下开挖鱼塘及垂钓的危害性，增设安全警示标志，提高群众自身安全意识。

F.6 机械碰线电力无责免赔典型案例

【案情陈述】

陈某雇用蒋某在某旅游开发公司开发的建设工地工作，颜某承揽了陈某承包工程中的混凝土起重吊装业务，并指派其子小颜无证驾驶起重机进行施工作业。

2010年8月7日，在施工过程中，蒋某、陈某等人发现小颜驾驶的起重机吊臂顶端与高压线距离过近，存在安全隐患，劝阻小颜收缩起重机吊臂或挪动起重机的位置，但小颜未听劝阻继续作业，当日16时许，起重机吊臂顶端与高压线接触，致使在起重机下卸运混凝土的蒋某被高压电流击伤，经鉴定蒋某伤残程度为八级。

2011年6月7日，蒋某向法院起诉，要求颜某、小颜、某旅游开发公司、陈某和供电公司赔偿各项损失9万余元。经过法院审理，判决颜某、小颜、某旅游开发公司、陈某根据各自过错承担相应赔偿责任。供电公司因管理的高压电力线路架设符合《电力设施保护条例》等法律、法规规定的安全距离，且在高压线下的变压器上有明确的警示标志"有电危险，请勿攀登"，对此案件不承担责任。

【法理评析】

在架空电力线路保护区内施工，最大的风险就是违章操作导致电力线路跳闸，酿成触电事故，甚至引发大面积停电。因此，《电力设施保护条例》第十七条规定："任何单位或个人必须经县级以上地方电力管理部门批准，并采取安全措施后，方可进行下列作业或活动：（一）在架空电力线路保护区内进行农田水利基本建设工程及打桩、钻探、开挖等作业；（二）起重机械的任何部位进入架空电力线路的保护区进行施工；（三）小于导向距穿越物体之间的安全距离，通过架空电力线路保护区；（四）在电力电缆线路保护区内进行作业。"

　　在本案中，蒋某无过错。吊车司机小颜在高压线下进行吊装作业未经县级以上地方电力行政管理部门批准，也未采取安全措施，不听别人劝阻，将吊臂碰到正在运行的高压电力线路上，高压电通过吊臂传到正在吊车下工作的蒋某身上，造成蒋某伤残，小颜对本案损害后果的发生负有过错，应当承担主要责任。颜某承揽了该项工程，在明知小颜无驾驶起重机资格的情况下，仍指使其操作起重机违章施工，且在发现隐患时未能及时制止，致损害结果发生，存在重大过错，应与小颜共同承担民事赔偿责任。陈某作为雇主及该工程的实际承包人，对蒋某工作期间的人身健康负有安全保障义务，蒋某在从事雇用工作期间发生事故遭受人身损害，陈某应当承担赔偿责任。某旅游开发公司将该工程违法发包给不具备建筑施工资质的陈某，其行为存在过错，应当对蒋某的损害承担相应的赔偿责任。供电公司管理的高压线路的架设符合安全距离，且在高压线下的变压器上有明确的警示标志，没有过错，因此不承担赔偿责任。

【经验启示】

　　（1）进入电力设施保护区作业时，建设单位和施工企业应依法申请办理施工作业许可手续并进行现场勘察，制定安全措施，落实专业监护人员，确保不影响高压电力线路安全运行时方可作业。

　　（2）供电企业应经常开展高压电力线路下违章作业的巡查工作，对高压电力线路下存在的安全隐患重点监控，采取有效措施，杜绝触电事故的发生。

　　（3）供电企业在电力线路存在安全隐患的路段，要设置安全警示标志，小小的警示牌可以起到警示提醒过往行人、施工作业人员做好安全防范工作，减少触电或停电事故的作用。

附录 G　国家电力设施保护相关法律法规

《中华人民共和国刑法》（节录）

《中华人民共和国刑法修正案（十）》由 2017 年 11 月 4 日第十二届全国人大常委会第三十次会议表决通过，自公布之日起施行。在公共场合侮辱国歌的行为被写入刑法，情节严重的可处三年以下有期徒刑。

第一百一十七条　【破坏交通设施罪】破坏轨道、桥梁、隧道、公路、机场、航道、灯塔、标志或者进行其他破坏活动，足以使火车、汽车、电车、船只、航空器发生倾覆、毁坏危险，尚未造成严重后果的，处三年以上十年以下有期徒刑。

第一百一十八条　【破坏电力设备罪、破坏易燃易爆设备罪】破坏电力、燃气或者其他易燃易爆设备，危害公共安全，尚未造成严重后果的，处三年以上十年以下有期徒刑。

第一百三十四条　【重大责任事故罪；强令违章冒险作业罪】在生产、作业中违反有关安全管理的规定，因而发生重大伤亡事故或者造成其他严重后果的，处三年以下有期徒刑或者拘役；情节特别恶劣的，处三年以上七年以下有期徒刑。

强令他人违章冒险作业，因而发生重大伤亡事故或者造成其他严重后果的，处五年以下有期徒刑或者拘役；情节特别恶劣的，处五年以上有期徒刑。

第二百六十四条　【盗窃罪】盗窃公私财物，数额较大的，或者多次盗窃、入户盗窃、携带凶器盗窃、扒窃的，处三年以下有期徒刑、拘役或者管制，并处或者单处罚金；数额巨大或者有其他严重情节的，处三年以上十年以下有期徒刑，并处罚金；数额特别巨大或者有其他特别严重情节的，处十年以上有期徒刑或者无期徒刑，并处罚金或者没收财产。

第二百七十七条　【妨害公务罪】以暴力、威胁方法阻碍国家机关工作人员依法执行职务的，处三年以下有期徒刑、拘役、管制或者罚金。

第二百七十八条　【煽动暴力抗拒法律实施罪】煽动群众暴力抗拒国家法律、行政法规实施的，处三年以下有期徒刑、拘役、管制或者剥夺政治权利；造成严重后果的，处三年以上七年以下有期徒刑。

第二百九十条　【聚众扰乱社会秩序罪；聚众冲击国家机关罪、扰乱国家机关工作秩序罪；组织、资助非法聚集罪】聚众扰乱社会秩序，情节严重，致使工作、生产、营业和教学、科研、医疗无法进行，造成严重损失的，对首要分子，处三年以上七年以下有期徒刑；对其他积极参加的，处三年以下有期徒刑、拘役、管制或者剥夺政治权利。

第三百一十二条　【掩饰、隐瞒犯罪所得、犯罪所得收益罪】明知是犯罪所得及其产生的收益而予以窝藏、转移、收购、代为销售或者以其他方法掩饰、隐瞒的，处三年以下有期徒刑、拘役或者管制，并处或者单处罚金；情节严重的，处三年以上七年以下有期徒刑，并处罚金。

单位犯前款罪的，对单位判处罚金，并对其直接负责的主管人员和其他直接责任人员，依照前款的规定处罚。

《中华人民共和国电力法》

《中华人民共和国电力法》由中华人民共和国第八届全国人民代表大会常务委员会第十七次会议于1995年12月28日通过,自1996年4月1日起施行。根据2009年8月27日第十一届全国人民代表大会常务委员会第十次会议《关于修改部分法律的决定》修正。

根据2015年4月24日第十二届全国人民代表大会常务委员会第十四次会议《中国人民代表大会常务委员会关于修改〈中华人民共和国电力法〉等六部法律的决定》第二次修订,由中华人民民共和国主席令第24号发布,自公布之日起施行。

第一章 总 则

第一条 为了保障和促进电力事业的发展,维护电力投资者、经营者和使用者的合法权益,保障电力安全运行,制定本法。

第二条 本法适用于中华人民共和国境内的电力建设、生产、供应和使用活动。

第三条 电力事业应当适应国民经济和社会发展的需要,适当超前发展。国家鼓励、引导国内外的经济组织和个人依法投资开发电源,兴办电力生产企业。电力事业投资,实行谁投资、谁收益的原则。

第四条 电力设施受国家保护。

禁止任何单位和个人危害电力设施安全或者非法侵占、使用电能。

第五条 电力建设、生产、供应和使用应当依法保护环境,采取新技术,减少有害物质排放,防治污染和其他公害。

国家鼓励和支持利用可再生能源和清洁能源发电。

第六条 国务院电力管理部门负责全国电力事业的监督管理。国务院有关部门在各自的职责范围内负责电力事业的监督管理。

县级以上地方人民政府经济综合主管部门是本行政区域内的电力管理部门,负责电力事业的监督管理。县级以上地方人民政府有关部门在各自的职责范围内负责电力事业的监督管理。

第七条 电力建设企业、电力生产企业、电网经营企业依法实行自主经营、自负盈亏,并接受电力管理部门的监督。

第八条 国家帮助和扶持少数民族地区、边远地区和贫困地区发展电力事业。

第九条 国家鼓励在电力建设、生产、供应和使用过程中,采用先进的科学技术和管理方法,对在研究、开发、采用先进的科学技术和管理方法等方面作出显著成绩的单位和个人给予奖励。

第二章　电力建设

第十条　电力发展规划应当根据国民经济和社会发展的需要制定，并纳入国民经济和社会发展计划。

电力发展规划，应当体现合理利用能源、电源与电网配套发展、提高经济效益和有利于环境保护的原则。

第十一条　城市电网的建设与改造规划，应当纳入城市总体规划。城市人民政府应当按照规划，安排变电设施用地、输电线路走廊和电缆通道。

任何单位和个人不得非法占用变电设施用地、输电线路走廊和电缆通道。

第十二条　国家通过制定有关政策，支持、促进电力建设。

地方人民政府应当根据电力发展规划，因地制宜，采取多种措施开发电源，发展电力建设。

第十三条　电力投资者对其投资形成的电力，享有法定权益。并网运行的，电力投资者有优先使用权；未并网的自备电厂，电力投资者自行支配使用。

第十四条　电力建设项目应当符合电力发展规划，符合国家电力产业政策。

电力建设项目不得使用国家明令淘汰的电力设备和技术。

第十五条　输变电工程、调度通信自动化工程等电网配套工程和环境保护工程，应当与发电工程项目同时设计、同时建设、同时验收、同时投入使用。

第十六条　电力建设项目使用土地，应当依照有关法律、行政法规的规定办理；依法征收土地的，应当依法支付土地补偿费和安置补偿费，做好迁移居民的安置工作。

电力建设应当贯彻切实保护耕地、节约利用土地的原则。

地方人民政府对电力事业依法使用土地和迁移居民，应当予以支持和协助。

第十七条　地方人民政府应当支持电力企业为发电工程建设勘探水源和依法取水、用水。电力企业应当节约用水。

第三章　电力生产与电网管理

第十八条　电力生产与电网运行应当遵循安全、优质、经济的原则。

电网运行应当连续、稳定，保证供电可靠性。

第十九条　电力企业应当加强安全生产管理，坚持安全第一、预防为主的方针，建立、健全安全生产责任制度。

电力企业应当对电力设施定期进行检修和维护，保证其正常运行。

第二十条　发电燃料供应企业、运输企业和电力生产企业应当依照国务院有关规定或者合同约定供应、运输和接卸燃料。

第二十一条　电网运行实行统一调度、分级管理。任何单位和个人不得非法干预电网调度。

第二十二条　国家提倡电力生产企业与电网、电网与电网并网运行。具有独立法人资格的电力生产企业要求将生产的电力并网运行的，电网经营企业应当接受。

并网运行必须符合国家标准或者电力行业标准。

并网双方应当按照统一调度、分级管理和平等互利、协商一致的原则，签订并网协议，确定双方的权利和义务；并网双方达不成协议的，由省级以上电力管理部门协调决定。

第二十三条　电网调度管理办法，由国务院依照本办法的规定制定。

第四章　电力供应与使用

第二十四条　国家对电力供应和使用，实行安全用电、节约用电、计划用电的管理原则。

电力供应与使用办法由国务院依照本法的规定制定。

第二十五条　供电企业在批准的供电营业区内向用户供电。

供电营业区的划分，应当考虑电网的结构和供电合理性等因素。一个供电营业区内只设立一个供电营业机构。

省、自治区、直辖市范围内的供电营业区的设立、变更，由供电企业提出申请，经省、自治区、直辖市人民政府电力管理部门会同同级有关部门审查批准后，由省、自治区、直辖市人民政府电力管理部门发给《供电营业许可证》。跨省、自治区、直辖市的供电营业区的设立、变更，由国务院电力管理部门审查批准并发给《供电营业许可证》。

第二十六条　供电营业区内的供电营业机构，对本营业区内的用户有按照国家规定供电的义务；不得违反国家规定对其营业区内申请用电的单位和个人拒绝供电。

申请新装用电、临时用电、增加用电容量、变更用电和终止用电，应当依照规定的程序办理手续。

供电企业应当在其营业场所公告用电的程序、制度和收费标准，并提供用户须知资料。

第二十七条　电力供应与使用双方应当根据平等自愿、协商一致的原则，按照国务院制定的电力供应与使用办法签订供用电合同，确定双方的权利和义务。

第二十八条　供电企业应当保证供给用户的供电质量符合国家标准。对公用供电设施引起的供电质量问题，应当及时处理。

用户对供电质量有特殊要求的，供电企业应当根据其必要性和电网的可能，提供相应的电力。

第二十九条　供电企业在发电、供电系统正常的情况下，应当连续向用户供电，不得中断。因供电设施检修、依法限电或者用户违法用电等原因，需要中断供电时，供电企业应当按照国家有关规定事先通知用户。

用户对供电企业中断供电有异议的，可以向电力管理部门投诉；受理投诉的电力管理部门应当依法处理。

第三十条　因抢险救灾需要紧急供电时，供电企业必须尽速安排供电，所需供电工程费用和应付电费依照国家有关规定执行。

第三十一条　用户应当安装用电计量装置。用户使用的电力电量，以计量检定机构依法认可的用电计量装置的记录为准。

用户受电装置的设计、施工安装和运行管理，应当符合国家标准或者电力行业标准。

第三十二条　用户用电不得危害供电、用电安全和扰乱供电、用电秩序。

对危害供电、用电安全和扰乱供电、用电秩序的，供电企业有权制止。

第三十三条　供电企业应当按照国家核准的电价和用电计量装置的记录，向用户计收电费。

供电企业查电人员和抄表收费人员进入用户，进行用电安全检查或者抄表收费时，应当出示有关证件。

用户应当按照国家核准的电价和用电计量装置的记录，按时交纳电费；对供电企业查电人员和抄表收费人员依法履行职责，应当提供方便。

第三十四条　供电企业和用户应当遵守国家有关规定，采取有效措施，做好安全用电、节约用电和计划用电工作。

第五章　电价与电费

第三十五条　本法所称电价，是指电力生产企业的上网电价、电网间的互供电价、电网销售电价。

电价实行统一政策，统一定价原则，分级管理。

第三十六条　制定电价，应当合理补偿成本，合理确定收益，依法计入税金，坚持公平负担，促进电力建设。

第三十七条　上网电价实行同网同质同价。具体办法和实施步骤由国务院规定。

电力生产企业有特殊情况需另行制定上网电价的，具体办法由国务院规定。

第三十八条　跨省、自治区、直辖市电网和省级电网内的上网电价，由电力生产企业和电网经营企业协商提出方案，报国务院物价行政主管部门核准。

独立电网内的上网电价，由电力生产企业和电网经营企业协商提出方案，报有管理权的物价行政主管部门核准。

地方投资的电力生产企业所生产的电力，属于在省内各地区形成独立电网的或者自发自用的，其电价可以由省、自治区、直辖市人民政府管理。

第三十九条　跨省、自治区、直辖市电网和独立电网之间、省级电网和独立电网之间的互供电价，由双方协商提出方案，报国务院物价行政主管部门或者其授权的部门核准。

独立电网与独立电网之间的互供电价，由双方协商提出方案，报有管理权的物价行政主管部门核准。

第四十条　跨省、自治区、直辖市电网和省级电网的销售电价，由电网经营企业提出方案，报国务院物价行政主管部门或者其授权的部门核准。

独立电网的销售电价，由电网经营企业提出方案，报有管理权的物价行政主管部门核准。

第四十一条　国家实行分类电价和分时电价。分类标准和分时办法由国务院确定。

对同一电网内的同一电压等级、同一用电类别的用户，执行相同的电价标准。

第四十二条　用户用电增容收费标准，由国务院物价行政主管部门会同国务院电力管理部门制定。

第四十三条　任何单位不得超越电价管理权限制定电价。供电企业不得擅自变更电价。

第四十四条　禁止任何单位和个人在电费中加收其他费用；但是，法律、行政法规另有规定的，按照规定执行。

地方集资办电在电费中加收费用的，由省、自治区、直辖市人民政府依照国务院有关规定制定办法。

禁止供电企业在收取电费时，代收其他费用。

第四十五条　电价的管理办法，由国务院依照本法的规定制定。

第六章　农村电力建设和农业用电

第四十六条　省、自治区、直辖市人民政府应当制定农村电气化发展规划，并将其纳入当地电力发展规划及国民经济和社会发展计划。

第四十七条　国家对农村电气化实行优惠政策，对少数民族地区、边远地区和贫困地区的农村电力建设给予重点扶持。

第四十八条　国家提倡农村开发水能资源，建设中、小型水电站，促进农村电气化。

国家鼓励和支持农村利用太阳能、风能、地热能、生物质能和其他能源进行农村电源建设，增加农村电力供应。

第四十九条　县级以上地方人民政府及其经济综合主管部门在安排用电指标时，应当保证农业和农村用电的适当比例，优先保证农村排涝、抗旱和农业季节性生产用电。

电力企业应当执行前款的用电安排，不得减少农业和农村用电指标。

第五十条　农业用电价格按照保本、微利的原则确定。

农民生活用电与当地城镇居民生活用电应当逐步实行相同的电价。

第五十一条　农业和农村用电管理办法，由国务院依照本办法的规定制定。

第七章　电力设施保护

第五十二条　任何单位和个人不得危害发电设施、变电设施和电力线路设施及其有关辅助设施。

在电力设施周围进行爆破及其他可能危及电力设施安全的作业的，应当按照国务院有关电力设施保护的规定，经批准并采取确保电力设施安全的措施后，方可进行作业。

第五十三条　电力管理部门应当按照国务院有关电力设施保护的规定，对电力设施保护区设立标志。

任何单位和个人不得在依法划定的电力设施保护区内修建可能危及电力设施安全的建筑物、构筑物，不得种植可能危及电力设施安全的植物，不得堆放可能危及电力设施安全的物品。

在依法划定电力设施保护区前已经种植的植物妨碍电力设施安全的，应当修剪或者砍伐。

第五十四条　任何单位和个人需要在依法划定的电力设施保护区内进行可能危及电力设施安全的作业时，应当经电力管理部门批准并采取安全措施后，方可进行作业。

第五十五条　电力设施与公用工程、绿化工程和其他工程在新建、改建或者扩建中相互妨碍时，有关单位应当按照国家有关规定协商，达成协议后方可施工。

第八章　监督检查

第五十六条　电力管理部门依法对电力企业和用户执行电力法律、行政法规的情况进行监督检查。

第五十七条　电力管理部门根据工作需要，可以配备电力监督检查人员。

电力监督检查人员应当公正廉洁，秉公执法，熟悉电力法律、法规，掌握有关电力专业技术。

第五十八条　电力监督检查人员进行监督检查时，有权向电力企业或者用户了解有关执行电力法律、行政法规的情况，查阅有关资料，并有权进入现场进行检查。

电力企业和用户对执行监督检查任务的电力监督检查人员应当提供方便。

电力监督检查人员进行监督检查时，应当出示证件。

第九章　法律责任

第五十九条　电力企业或者用户违反供用电合同，给对方造成损失的，应当依法承担赔偿责任。

电力企业违反本法第二十八条、第二十九条第一款的规定，未保证供电质量或者未事先通知用户中断供电，给用户造成损失的，应当依法承担赔偿责任。

第六十条　因电力运行事故给用户或者第三人造成损害的，电力企业应当依法承担赔偿责任。

电力运行事故由下列原因之一造成的，电力企业不承担赔偿责任：

（一）不可抗力；

（二）用户自身的过错。

因用户或者第三人的过错给电力企业或者其他用户造成损害的，该用户或者第三人应当依法承担赔偿责任。

第六十一条　违反本法第十一条第二款的规定，非法占用变电设施用地、输电线路走廊或者电缆通道的，由县级以上地方人民政府责令限期改正；逾期不改正的，强制清除障碍。

第六十二条　违反本法第十四条规定，电力建设项目不符合电力发展规划、产业政策的，由电力管理部门责令停止建设。

违反本法第十四条规定，电力建设项目使用国家明令淘汰的电力设备和技术的，由电力管理部门责令停止使用，没收国家明令淘汰的电力设备，并处 5 万元以下的罚款。

第六十三条　违反本法第二十五条规定，未经许可，从事供电或者变更供电营业区的，由电力管理部门责令改正，没收违法所得，可以并处违法所得 5 倍以下的罚款。

第六十四条　违反本法第二十六条、第二十九条规定，拒绝供电或者中断供电的，由电力管理部门责令改正，给予警告；情节严重的，对有关主管人员和直接责任人员给予行政处分。

第六十五条　违反本法第三十二条规定，危害供电、用电安全或者扰乱供电、用电秩序的，由电力管理部门责令改正，给予警告；情节严重或者拒绝改正的，可以中止供电，可以并处 5 万元以下的罚款。

第六十六条　违反本法第三十三条、第四十三条、第四十四条规定，未按照国家核准的电价和用电计量装置的记录向用户计收电费、超越权限制定电价或者在电费中加收其他费用的，由物价行政主管部门给予警告，责令返还违法收取的费用，可以并处违法收取费用 5 倍以下的罚款；情节严重的，对有关主管人员和直接责任人员给予行政处分。

第六十七条　违反本法第四十九条第二款规定，减少农业和农村用电指标的，由电力管理部门责令改正；情节严重的，对有关主管人员和直接责任人员给予行政处分；造成损失的，责令赔偿损失。

第六十八条　违反本法第五十二条第二款和第五十四条规定，未经批准或者未采取安全措施在电力设施周围或者在依法划定的电力设施保护区内进行作业，危及电力设施安全的，由电力管理部门责令停止作业、恢复原状并赔偿损失。

第六十九条　违反本法第五十三条规定，在依法划定的电力设施保护区内修建建筑物、构筑物或者种植植物、堆放物品，危及电力设施安全的，由当地人民政府责令强制拆除、砍伐或者清除。

第七十条　有下列行为之一，应当给予治安管理处罚的，由公安机关依照治安管理处罚法的有关规定予以处罚；构成犯罪的，依法追究刑事责任：

（一）阻碍电力建设或者电力设施抢修，致使电力建设或者电力设施抢修不能正常进行的；

（二）扰乱电力生产企业、变电所、电力调度机构和供电企业的秩序，致使生产、工作和营业不能正常进行的；

（三）殴打、公然侮辱履行职务的查电人员或者抄表收费人员的；

（四）拒绝、阻碍电力监督检查人员依法执行职务的。

第七十一条 盗窃电能的，由电力管理部门责令停止违法行为，追缴电费并处应交电费 5 倍以下的罚款；构成犯罪的，依照刑法有关规定追究刑事责任。

第七十二条 盗窃电力设施或者以其他方法破坏电力设施，危害公共安全的，依照刑法有关规定追究刑事责任。

第七十三条 电力管理部门的工作人员滥用职权、玩忽职守、徇私舞弊，构成犯罪的，依法追究刑事责任；尚不构成犯罪的，依法给予行政处分。

第七十四条 电力企业职工违反规章制度、违章调度或者不服从调度指令，造成重大事故的，依照刑法有关规定追究刑事责任。

电力企业职工故意延误电力设施抢修或者抢险救灾供电，造成严重后果的，依照刑法有关规定追究刑事责任。

电力企业的管理人员和查电人员、抄表收费人员勒索用户、以电谋私，构成犯罪的，依法追究刑事责任；尚不构成犯罪的，依法给予行政处分。

第十章 附 则

第七十五条 本法自 1996 年 4 月 1 日起施行。

《中华人民共和国物权法》（节录）

2007 年 3 月 16 日，第十届全国人民代表大会第五次会议通过。2007 年 3 月 16 日中华人民共和国主席令第六十二号公布，自 2007 年 10 月 1 日起施行。

第一条 为了维护国家基本经济制度，维护社会主义市场经济秩序，明确物的归属，发挥物的效用，保护权利人的物权，根据宪法，制定本法。

第二条 因物的归属和利用而产生的民事关系，适用本法。

本法所称物，包括不动产和动产。法律规定权利作为物权客体的，依照其规定。

本法所称物权，是指权利人依法对特定的物享有直接支配和排他的权利，包括所有权、用益物权和担保物权。

第三条 国家在社会主义初级阶段，坚持公有制为主体、多种所有制经济共同发展的基本经济制度。

国家巩固和发展公有制经济，鼓励、支持和引导非公有制经济的发展。

国家实行社会主义市场经济，保障一切市场主体的平等法律地位和发展权利。

第四条 国家、集体、私人的物权和其他权利人的物权受法律保护，任何单位和个人不得侵犯。

第五条 物权的种类和内容，由法律规定。

第六条　不动产物权的设立、变更、转让和消灭，应当依照法律规定登记。动产物权的设立和转让，应当依照法律规定交付。

第七条　物权的取得和行使，应当遵守法律，尊重社会公德，不得损害公共利益和他人合法权益。

第八条　其他相关法律对物权另有特别规定的，依照其规定。

第五十二条　国防资产属于国家所有。

铁路、公路、电力设施、电信设施和油气管道等基础设施，依照法律规定为国家所有的，属于国家所有。

第五十五条　国家出资的企业，由国务院、地方人民政府依照法律、行政法规规定分别代表国家履行出资人职责，享有出资人权益。

第五十六条　国家所有的财产受法律保护，禁止任何单位和个人侵占、哄抢、私分、截留、破坏。

第五十七条　履行国有财产管理、监督职责的机构及其工作人员，应当依法加强对国有财产的管理、监督，促进国有财产保值增值，防止国有财产损失；滥用职权，玩忽职守，造成国有财产损失的，应当依法承担法律责任。

违反国有财产管理规定，在企业改制、合并分立、关联交易等过程中，低价转让、合谋私分、擅自担保或者以其他方式造成国有财产损失的，应当依法承担法律责任。

第五十八条　集体所有的不动产和动产包括：

（一）法律规定属于集体所有的土地和森林、山岭、草原、荒地、滩涂；

（二）集体所有的建筑物、生产设施、农田水利设施；

（三）集体所有的教育、科学、文化、卫生、体育等设施；

（四）集体所有的其他不动产和动产。

第九十一条　不动产权利人挖掘土地、建造建筑物、铺设管线以及安装设备等，不得危及相邻不动产的安全。

第九十二条　不动产权利人因用水、排水、通行、铺设管线等利用相邻不动产的，应当尽量避免对相邻的不动产权利人造成损害；造成损害的，应当给予赔偿。

第一百三十五条　建设用地使用权人依法对国家所有的土地享有占有、使用和收益的权利，有权利用该土地建造建筑物、构筑物及其附属设施。

第一百三十六条　建设用地使用权可以在土地的地表、地上或者地下分别设立。新设立的建设用地使用权，不得损害已设立的用益物权。

第一百三十七条　设立建设用地使用权，可以采取出让或者划拨等方式。

工业、商业、旅游、娱乐和商品住宅等经营性用地以及同一土地有两个以上意向用地者的，应当采取招标、拍卖等公开竞价的方式出让。

严格限制以划拨方式设立建设用地使用权。采取划拨方式的，应当遵守法律、行政法规关于土地用途的规定。

第一百三十八条　采取招标、拍卖、协议等出让方式设立建设用地使用权的，当事人应当采取书面形式订立建设用地使用权出让合同。

建设用地使用权出让合同一般包括下列条款：

（一）当事人的名称和住所；

（二）土地界址、面积等；

（三）建筑物、构筑物及其附属设施占用的空间；

（四）土地用途；

（五）使用期限；

（六）出让金等费用及其支付方式；

（七）解决争议的方法。

第一百三十九条 设立建设用地使用权的，应当向登记机构申请建设用地使用权登记。建设用地使用权自登记时设立。登记机构应当向建设用地使用权人发放建设用地使用权证书。

第一百四十条 建设用地使用权人应当合理利用土地，不得改变土地用途；需要改变土地用途的，应当依法经有关行政主管部门批准。

第一百四十一条 建设用地使用权人应当依照法律规定以及合同约定支付出让金等费用。

第一百四十二条 建设用地使用权人建造的建筑物、构筑物及其附属设施的所有权属于建设用地使用权人，但有相反证据证明的除外。

第一百四十三条 建设用地使用权人有权将建设用地使用权转让、互换、出资、赠与或者抵押，但法律另有规定的除外。

第一百四十四条 建设用地使用权转让、互换、出资、赠与或者抵押的，当事人应当采取书面形式订立相应的合同。使用期限由当事人约定，但不得超过建设用地使用权的剩余期限。

第一百四十五条 建设用地使用权转让、互换、出资或者赠与的，应当向登记机构申请变更登记。

第一百四十六条 建设用地使用权转让、互换、出资或者赠与的，附着于该土地上的建筑物、构筑物及其附属设施一并处分。

第一百四十七条 建筑物、构筑物及其附属设施转让、互换、出资或者赠与的，该建筑物、构筑物及其附属设施占用范围内的建设用地使用权一并处分。

第一百四十八条 建设用地使用权期间届满前，因公共利益需要提前收回该土地的，应当依照本法第四十二条的规定对该土地上的房屋及其他不动产给予补偿，并退还相应的出让金。

第一百四十九条 住宅建设用地使用权期间届满的，自动续期。

非住宅建设用地使用权期间届满后的续期，依照法律规定办理。该土地上的房屋及其他不动产的归属，有约定的，按照约定；没有约定或者约定不明确的，依照法律、行政法规的规定办理。

第一百五十条 建设用地使用权消灭的，出让人应当及时办理注销登记。登记机构应当收回建设用地使用权证书。

第一百五十一条 集体所有的土地作为建设用地的，应当依照土地管理法等法律规定办理。

《中华人民共和国建筑法》（节录）

《中华人民共和国建筑法》经 1997 年 11 月 1 日第八届全国人大常委会第 28 次会议通过；根据 2011 年 4 月 22 日第十一届全国人大常委会第 20 次会议《关于修改〈中华人民共和国建筑法〉的决定》修正。《中华人民共和国建筑法》分总则、建筑许可、建筑工程发包与承包、建筑工程监理、建筑安全生产管理、建筑工程质量管理、法律责任、附则 8 章 85 条，自 1998 年 3 月 1 日起施行。

第四十二条 有下列情形之一的，建设单位应当按照国家有关规定办理申请批准手续：

（一）需要临时占用规划批准范围以外场地的；

（二）可能损坏道路、管线、电力、邮电通讯等公共设施的；

（三）需要临时停水、停电、中断道路交通的；

（四）需要进行爆破作业的；

（五）法律、法规规定需要办理报批手续的其他情形。

《中华人民共和国公路法》（节录）

《中华人民共和国公路法》是为了加强公路的建设和管理，促进公路事业的发展，适应社会主义现代化建设和人民生活的需要制定的法律。

2017 年 11 月 4 日，第十二届全国人民代表大会常务委员会第三十次会议决定，通过对《中华人民共和国公路法》作出修改。自 2017 年 11 月 5 日起施行。《中华人民共和国公路法》根据本决定作相应修改，重新公布。

第三十一条 因建设公路影响铁路、水利、电力、邮电设施和其他设施正常使用时，公路建设单位应当事先征得有关部门的同意；因公路建设对有关设施造成损坏的，公路建设单位应当按照不低于该设施原有的技术标准予以修复，或者给予相应的经济补偿。

《中华人民共和国城乡规划法》（节录）

为了加强城乡规划管理，协调城乡空间布局，改善人居环境，促进城乡经济社会全面、协调、可持续发展而制定《中华人民共和国城乡规划法》。

2007 年 10 月 28 日，第十届全国人民代表大会常务委员会第三十次会议通过《中华人民共和国城乡规划法》，共 7 章 70 条，自 2008 年 1 月 1 日起施行，《中华人民共和国城市规划法》同时废止。

根据 2015 年 4 月 24 日第十二届全国人民代表大会常务委员会第十四次会议《关于修改〈中华人民共和国港口法〉等七部法律的决定》修正。

第十八条 乡规划、村庄规划应当从农村实际出发，尊重村民意愿，体现地方和农村特色。

乡规划、村庄规划的内容应当包括：规划区范围，住宅、道路、供水、排水、供电、垃圾收集、畜禽养殖场所等农村生产、生活服务设施、公益事业等各项建设的用地布局、建设要求，以及对耕地等自然资源和历史文化遗产保护、防灾减灾等的具体安排。乡规划还应当包括本行政区域内的村庄发展布局。

第二十九条 城市的建设和发展，应当优先安排基础设施以及公共服务设施的建设，妥善处理新区开发与旧区改建的关系，统筹兼顾进城务工人员生活和周边农村经济社会发展、村民生产与生活的需要。

镇的建设和发展，应当结合农村经济社会发展和产业结构调整，优先安排供水、排水、供电、供气、道路、通信、广播电视等基础设施和学校、卫生院、文化站、幼儿园、福利院等公共服务设施的建设，为周边农村提供服务。

乡、村庄的建设和发展，应当因地制宜、节约用地，发挥村民自治组织的作用，引导村民合理进行建设，改善农村生产、生活条件。

第三十五条 城乡规划确定的铁路、公路、港口、机场、道路、绿地、输配电设施及输电线路走廊、通信设施、广播电视设施、管道设施、河道、水库、水源地、自然保护区、防汛通道、消防通道、核电站、垃圾填埋场及焚烧厂、污水处理厂和公共服务设施的用地以及其他需要依法保护的用地，禁止擅自改变用途。

《中华人民共和国森林法》（节录）

《中华人民共和国森林法》于 1984 年 9 月 20 日第六届全国人民代表大会常务委员会第七次会议通过。又根据 1998 年 4 月 29 日第九届全国人民代表大会常务委员会第二次会议《关于修改〈中华人民共和国森林法〉的决定》修正。

第三十二条 采伐林木必须申请采伐许可证，按许可证的规定进行采伐；农村居民采伐自留地和房前屋后个人所有的零星林木除外。

国有林业企业事业单位、机关、团体、部队、学校和其他国有企业事业单位采伐林木，由所在地县级以上林业主管部门依照有关规定审核发放采伐许可证。

《中华人民共和国行政处罚法》

《中华人民共和国行政处罚法》经 1996 年 3 月 17 日第八届全国人民代表大会第四次会议通过,根据 2009 年 8 月 27 日第十一届全国人民代表大会常务委员会第十次会议《关于修改部分法律的决定》第一次修正,根据 2017 年 9 月 1 日第十二届全国人民代表大会常务委员会第二十九次会议《关于修改〈中华人民共和国法官法〉等八部法律的决定》第二次修正。

第一章 总 则

第一条 为了规范行政处罚的设定和实施,保障和监督行政机关有效实施行政管理,维护公共利益和社会秩序,保护公民、法人或者其他组织的合法权益,根据宪法,制定本法。

第二条 行政处罚的设定和实施,适用本法。

第三条 公民、法人或者其他组织违反行政管理秩序的行为,应当给予行政处罚的,依照本法由法律、法规或者规章规定,并由行政机关依照本法规定的程序实施。

没有法定依据或者不遵守法定程序的,行政处罚无效。

第四条 行政处罚遵循公正、公开的原则。

设定和实施行政处罚必须以事实为依据,与违法行为的事实、性质、情节以及社会危害程度相当。

对违法行为给予行政处罚的规定必须公布;未经公布的,不得作为行政处罚的依据。

第五条 实施行政处罚,纠正违法行为,应当坚持处罚与教育相结合,教育公民、法人或者其他组织自觉守法。

第六条 公民、法人或者其他组织对行政机关所给予的行政处罚,享有陈述权、申辩权;对行政处罚不服的,有权依法申请行政复议或者提起行政诉讼。

公民、法人或者其他组织因行政机关违法给予行政处罚受到损害的,有权依法提出赔偿要求。

第七条 公民、法人或者其他组织因违法受到行政处罚,其违法行为对他人造成损害的,应当依法承担民事责任。

违法行为构成犯罪,应当依法追究刑事责任,不得以行政处罚代替刑事处罚。

第二章 行政处罚的种类和设定

第八条 行政处罚的种类:

（一）警告；

（二）罚款；

（三）没收违法所得、没收非法财物；

（四）责令停产停业；

（五）暂扣或者吊销许可证、暂扣或者吊销执照；

（六）行政拘留；

（七）法律、行政法规规定的其他行政处罚。

第九条　法律可以设定各种行政处罚。

限制人身自由的行政处罚，只能由法律设定。

第十条　行政法规可以设定除限制人身自由以外的行政处罚。

法律对违法行为已经作出行政处罚规定，行政法规需要作出具体规定的，必须在法律规定的给予行政处罚的行为、种类和幅度的范围内规定。

第十一条　地方性法规可以设定除限制人身自由、吊销企业营业执照以外的行政处罚。

法律、行政法规对违法行为已经作出行政处罚规定，地方性法规需要作出具体规定的，必须在法律、行政法规规定的给予行政处罚的行为、种类和幅度的范围内规定。

第十二条　国务院部、委员会制定的规章可以在法律、行政法规规定的给予行政处罚的行为、种类和幅度的范围内作出具体规定。

尚未制定法律、行政法规的，前款规定的国务院部、委员会制定的规章对违反行政管理秩序的行为，可以设定警告或者一定数量罚款的行政处罚。罚款的限额由国务院规定。

国务院可以授权具有行政处罚权的直属机构依照本条第一款、第二款的规定，规定行政处罚。

第十三条　省、自治区、直辖市人民政府和省、自治区人民政府所在地的市人民政府以及经国务院批准的较大的市人民政府制定的规章可以在法律、法规规定的给予行政处罚的行为、种类和幅度的范围内作出具体规定。

尚未制定法律、法规的，前款规定的人民政府制定的规章对违反行政管理秩序的行为，可以设定警告或者一定数量罚款的行政处罚。罚款的限额由省、自治区、直辖市人民代表大会常务委员会规定。

第十四条　除本法第九条、第十条、第十一条、第十二条以及第十三条的规定外，其他规范性文件不得设定行政处罚。

第三章　行政处罚的实施机关

第十五条　行政处罚由具有行政处罚权的行政机关在法定职权范围内实施。

第十六条　国务院或者经国务院授权的省、自治区、直辖市人民政府可以决定一个行政机关行使有关行政机关的行政处罚权，但限制人身自由的行政处罚权只能由公安机关行使。

第十七条 法律、法规授权的具有管理公共事务职能的组织可以在法定授权范围内实施行政处罚。

第十八条 行政机关依照法律、法规或者规章的规定，可以在其法定权限内委托符合本法第十九条规定条件的组织实施行政处罚。行政机关不得委托其他组织或者个人实施行政处罚。

委托行政机关对受委托的组织实施行政处罚的行为应当负责监督，并对该行为的后果承担法律责任。

受委托组织在委托范围内，以委托行政机关名义实施行政处罚；不得再委托其他任何组织或者个人实施行政处罚。

第十九条 受委托组织必须符合以下条件：

（一）依法成立的管理公共事务的事业组织；

（二）具有熟悉有关法律、法规、规章和业务的工作人员；

（三）对违法行为需要进行技术检查或者技术鉴定的，应当有条件组织进行相应的技术检查或者技术鉴定。

第四章　行政处罚的管辖和适用

第二十条 行政处罚由违法行为发生地的县级以上地方人民政府具有行政处罚权的行政机关管辖。法律、行政法规另有规定的除外。

第二十一条 对管辖发生争议的，报请共同的上一级行政机关指定管辖。

第二十二条 违法行为构成犯罪的，行政机关必须将案件移送司法机关，依法追究刑事责任。

第二十三条 行政机关实施行政处罚时，应当责令当事人改正或者限期改正违法行为。

第二十四条 对当事人的同一个违法行为，不得给予两次以上罚款的行政处罚。

第二十五条 不满十四周岁的人有违法行为的，不予行政处罚，责令监护人加以管教；已满十四周岁不满十八周岁的人有违法行为的，从轻或者减轻行政处罚。

第二十六条 精神病人在不能辨认或者不能控制自己行为时有违法行为的，不予行政处罚，但应当责令其监护人严加看管和治疗。间歇性精神病人在精神正常时有违法行为的，应当给予行政处罚。

第二十七条 当事人有下列情形之一的，应当依法从轻或者减轻行政处罚：

（一）主动消除或者减轻违法行为危害后果的；

（二）受他人胁迫有违法行为的；

（三）配合行政机关查处违法行为有立功表现的；

（四）其他依法从轻或者减轻行政处罚的。

违法行为轻微并及时纠正，没有造成危害后果的，不予行政处罚。

第二十八条　违法行为构成犯罪，人民法院判处拘役或者有期徒刑时，行政机关已经给予当事人行政拘留的，应当依法折抵相应刑期。

违法行为构成犯罪，人民法院判处罚金时，行政机关已经给予当事人罚款的，应当折抵相应罚金。

第二十九条　违法行为在二年内未被发现的，不再给予行政处罚。法律另有规定的除外。

前款规定的期限，从违法行为发生之日起计算；违法行为有连续或者继续状态的，从行为终了之日起计算。

第五章　行政处罚的决定

第三十条　公民、法人或者其他组织违反行政管理秩序的行为，依法应当给予行政处罚的，行政机关必须查明事实；违法事实不清的，不得给予行政处罚。

第三十一条　行政机关在作出行政处罚决定之前，应当告知当事人作出行政处罚决定的事实、理由及依据，并告知当事人依法享有的权利。

第三十二条　当事人有权进行陈述和申辩。行政机关必须充分听取当事人的意见，对当事人提出的事实、理由和证据，应当进行复核；当事人提出的事实、理由或者证据成立的，行政机关应当采纳。

行政机关不得因当事人申辩而加重处罚。

第一节　简　易　程　序

第三十三条　违法事实确凿并有法定依据，对公民处以五十元以下、对法人或者其他组织处以一千元以下罚款或者警告的行政处罚的，可以当场作出行政处罚决定。当事人应当依照本法第四十六条、第四十七条、第四十八条的规定履行行政处罚决定。

第三十四条　执法人员当场作出行政处罚决定的，应当向当事人出示执法身份证件，填写预定格式、编有号码的行政处罚决定书。行政处罚决定书应当当场交付当事人。

前款规定的行政处罚决定书应当载明当事人的违法行为、行政处罚依据、罚款数额、时间、地点以及行政机关名称，并由执法人员签名或者盖章。

执法人员当场作出的行政处罚决定，必须报所属行政机关备案。

第三十五条　当事人对当场作出的行政处罚决定不服的，可以依法申请行政复议或者提起行政诉讼。

第二节　一　般　程　序

第三十六条　除本法第三十三条规定的可以当场作出的行政处罚外，行政机关发现公民、法人或者其他组织有依法应当给予行政处罚的行为的，必须全面、客观、公正地调查，收集有关证据；必要时，依照法律、法规的规定，可以进行检查。

第三十七条　行政机关在调查或者进行检查时，执法人员不得少于两人，并应当向当事人或者有关人员出示证件。当事人或者有关人员应当如实回答询问，并协助调查或者检查，不得阻挠。询问或者检查应当制作笔录。

行政机关在收集证据时，可以采取抽样取证的方法；在证据可能灭失或者以后难以取得的情况下，经行政机关负责人批准，可以先行登记保存，并应当在七日内及时作出处理决定，在此期间，当事人或者有关人员不得销毁或者转移证据。

执法人员与当事人有直接利害关系的，应当回避。

第三十八条　调查终结，行政机关负责人应当对调查结果进行审查，根据不同情况，分别作出如下决定：

（一）确有应受行政处罚的违法行为的，根据情节轻重及具体情况，作出行政处罚决定；

（二）违法行为轻微，依法可以不予行政处罚的，不予行政处罚；

（三）违法事实不能成立的，不得给予行政处罚；

（四）违法行为已构成犯罪的，移送司法机关。

对情节复杂或者重大违法行为给予较重的行政处罚，行政机关的负责人应当集体讨论决定。

在行政机关负责人作出决定之前，应当由从事行政处罚决定审核的人员进行审核。行政机关中初次从事行政处罚决定审核的人员，应当通过国家统一法律职业资格考试取得法律职业资格。

第三十九条　行政机关依照本法第三十八条的规定给予行政处罚，应当制作行政处罚决定书。行政处罚决定书应当载明下列事项：

（一）当事人的姓名或者名称、地址；

（二）违反法律、法规或者规章的事实和证据；

（三）行政处罚的种类和依据；

（四）行政处罚的履行方式和期限；

（五）不服行政处罚决定，申请行政复议或者提起行政诉讼的途径和期限；

（六）作出行政处罚决定的行政机关名称和作出决定的日期。

行政处罚决定书必须盖有作出行政处罚决定的行政机关的印章。

第四十条　行政处罚决定书应当在宣告后当场交付当事人；当事人不在场的，行政机关应当在七日内依照民事诉讼法的有关规定，将行政处罚决定书送达当事人。

第四十一条　行政机关及其执法人员在作出行政处罚决定之前，不依照本法第三十一条、第三十二条的规定向当事人告知给予行政处罚的事实、理由和依据，或者拒绝听取当事人的陈述、申辩，行政处罚决定不能成立；当事人放弃陈述或者申辩权利的除外。

第三节　听 证 程 序

第四十二条　行政机关作出责令停产停业、吊销许可证或者执照、较大数额罚款等行政处罚决定之前，应当告知当事人有要求举行听证的权利；当事人要求听证的，行政机关应当组织听证。当事人不承担行政机关组织听证的费用。听证依照以下程序组织：

（一）当事人要求听证的，应当在行政机关告知后三日内提出；

（二）行政机关应当在听证的七日前，通知当事人举行听证的时间、地点；

（三）除涉及国家秘密、商业秘密或者个人隐私外，听证公开举行；

（四）听证由行政机关指定的非本案调查人员主持；当事人认为主持人与本案有直接利害关系的，有权申请回避；

（五）当事人可以亲自参加听证，也可以委托一至二人代理；

（六）举行听证时，调查人员提出当事人违法的事实、证据和行政处罚建议；当事人进行申辩和质证；

（七）听证应当制作笔录；笔录应当交当事人审核无误后签字或者盖章。

当事人对限制人身自由的行政处罚有异议的，依照治安管理处罚法有关规定执行。

第四十三条 听证结束后，行政机关依照本法第三十八条的规定，作出决定。

第六章 行政处罚的执行

第四十四条 行政处罚决定依法作出后，当事人应当在行政处罚决定的期限内，予以履行。

第四十五条 当事人对行政处罚决定不服申请行政复议或者提起行政诉讼的，行政处罚不停止执行，法律另有规定的除外。

第四十六条 作出罚款决定的行政机关应当与收缴罚款的机构分离。

除依照本法第四十七条、第四十八条的规定当场收缴的罚款外，作出行政处罚决定的行政机关及其执法人员不得自行收缴罚款。

当事人应当自收到行政处罚决定书之日起十五日内，到指定的银行缴纳罚款。银行应当收受罚款，并将罚款直接上缴国库。

第四十七条 依照本法第三十三条的规定当场作出行政处罚决定，有下列情形之一的，执法人员可以当场收缴罚款：

（一）依法给予二十元以下的罚款的；

（二）不当场收缴事后难以执行的。

第四十八条 在边远、水上、交通不便地区，行政机关及其执法人员依照本法第三十三条、第三十八条的规定作出罚款决定后，当事人向指定的银行缴纳罚款确有困难，经当事人提出，行政机关及其执法人员可以当场收缴罚款。

第四十九条 行政机关及其执法人员当场收缴罚款的，必须向当事人出具省、自治区、直辖市财政部门统一制发的罚款收据；不出具财政部门统一制发的罚款收据的，当事人有权拒绝缴纳罚款。

第五十条 执法人员当场收缴的罚款，应当自收缴罚款之日起二日内，交至行政机关；在水上当场收缴的罚款，应当自抵岸之日起二日内交至行政机关；行政机关应当在二日内将罚款缴付指定的银行。

第五十一条　当事人逾期不履行行政处罚决定的，作出行政处罚决定的行政机关可以采取下列措施：

（一）到期不缴纳罚款的，每日按罚款数额的百分之三加处罚款；

（二）根据法律规定，将查封、扣押的财物拍卖或者将冻结的存款划拨抵缴罚款；

（三）申请人民法院强制执行。

第五十二条　当事人确有经济困难，需要延期或者分期缴纳罚款的，经当事人申请和行政机关批准，可以暂缓或者分期缴纳。

第五十三条　除依法应当予以销毁的物品外，依法没收的非法财物必须按照国家规定公开拍卖或者按照国家有关规定处理。

罚款、没收违法所得或者没收非法财物拍卖的款项，必须全部上缴国库，任何行政机关或者个人不得以任何形式截留、私分或者变相私分；财政部门不得以任何形式向作出行政处罚决定的行政机关返还罚款、没收的违法所得或者返还没收非法财物的拍卖款项。

第五十四条　行政机关应当建立健全对行政处罚的监督制度。县级以上人民政府应当加强对行政处罚的监督检查。

公民、法人或者其他组织对行政机关作出的行政处罚，有权申诉或者检举；行政机关应当认真审查，发现行政处罚有错误的，应当主动改正。

第七章　法律责任

第五十五条　行政机关实施行政处罚，有下列情形之一的，由上级行政机关或者有关部门责令改正，可以对直接负责的主管人员和其他直接责任人员依法给予行政处分：

（一）没有法定的行政处罚依据的；

（二）擅自改变行政处罚种类、幅度的；

（三）违反法定的行政处罚程序的；

（四）违反本法第十八条关于委托处罚的规定的。

第五十六条　行政机关对当事人进行处罚不使用罚款、没收财物单据或者使用非法定部门制发的罚款、没收财物单据的，当事人有权拒绝处罚，并有权予以检举。上级行政机关或者有关部门对使用的非法单据予以收缴销毁，对直接负责的主管人员和其他直接责任人员依法给予行政处分。

第五十七条　行政机关违反本法第四十六条的规定自行收缴罚款的，财政部门违反本法第五十三条的规定向行政机关返还罚款或者拍卖款项的，由上级行政机关或者有关部门责令改正，对直接负责的主管人员和其他直接责任人员依法给予行政处分。

第五十八条　行政机关将罚款、没收的违法所得或者财物截留、私分或者变相私分的，由财政部门或者有关部门予以追缴，对直接负责的主管人员和其他直接责任人员依法给予行政处分；情节严重构成犯罪的，依法追究刑事责任。

执法人员利用职务上的便利，索取或者收受他人财物、收缴罚款据为己有，构成犯罪的，依法追究刑事责任；情节轻微不构成犯罪的，依法给予行政处分。

第五十九条 行政机关使用或者损毁扣押的财物，对当事人造成损失的，应当依法予以赔偿，对直接负责的主管人员和其他直接责任人员依法给予行政处分。

第六十条 行政机关违法实行检查措施或者执行措施，给公民人身或者财产造成损害、给法人或者其他组织造成损失的，应当依法予以赔偿，对直接负责的主管人员和其他直接责任人员依法给予行政处分；情节严重构成犯罪的，依法追究刑事责任。

第六十一条 行政机关为牟取本单位私利，对应当依法移交司法机关追究刑事责任的不移交，以行政处罚代替刑罚，由上级行政机关或者有关部门责令纠正；拒不纠正的，对直接负责的主管人员给予行政处分；徇私舞弊、包庇纵容违法行为的，依照刑法有关规定追究刑事责任。

第六十二条 执法人员玩忽职守，对应当予以制止和处罚的违法行为不予制止、处罚，致使公民、法人或者其他组织的合法权益、公共利益和社会秩序遭受损害的，对直接负责的主管人员和其他直接责任人员依法给予行政处分；情节严重构成犯罪的，依法追究刑事责任。

第八章　附　则

第六十三条 本法第四十六条罚款决定与罚款收缴分离的规定，由国务院制定具体实施办法。

第六十四条 本法自 1996 年 10 月 1 日起施行。

本法公布前制定的法规和规章关于行政处罚的规定与本法不符合的，应当自本法公布之日起，依照本法规定予以修订，在 1997 年 12 月 31 日前修订完毕。

《中华人民共和国治安管理处罚法》节录

为维护社会治安秩序，保障公共安全，保护公民、法人和其他组织的合法权益，规范和保障公安机关及其人民警察依法履行治安管理职责，制定本法。

《中华人民共和国治安管理处罚法》经 2005 年 8 月 28 日第十届全国人大常委会第 17 次会议通过，2005 年 8 月 28 日中华人民共和国主席令第 38 号公布，自 2006 年 3 月 1 日起施行。

根据 2012 年 10 月 26 日第十一届全国人大常委会第 29 次会议通过、2012 年 10 月 26 日中华人民共和国主席令第 67 号公布的《全国人民代表大会常务委员会关于修改〈中华人民共和国治安管理处罚法〉的决定》修正。

第二十三条 有下列行为之一的，处警告或者 200 元以下罚款；情节较重的，处 5 日以上 10 日以下拘留，可以并处 500 元以下罚款：

（一）扰乱机关、团体、企业、事业单位秩序，致使工作、生产、营业、医疗、教学、科研不能正常进行，尚未造成严重损失的；

（二）扰乱车站、港口、码头、机场、商场、公园、展览馆或者其他公共场所秩序的；

（三）扰乱公共汽车、电车、火车、船舶、航空器或者其他公共交通工具上的秩序的；

（四）非法拦截或者强登、扒乘机动车、船舶、航空器以及其他交通工具，影响交通工具正常行驶的；

（五）破坏依法进行的选举秩序的。

第三十三条　有下列行为之一的，处十日以上十五日以下拘留：

（一）盗窃、损坏油气管道设施、电力电信设施、广播电视设施、水利防汛工程设施或者水文监测、测量、气象测报、环境监测、地质监测、地震监测等公共设施的；

第三十七条　有下列行为之一的，处 5 日以下拘留或者 500 元以下罚款；情节严重的，处 5 日以上 10 日以下拘留，可以并处 500 元以下罚款：

（一）未经批准，安装、使用电网的，或者安装、使用电网不符合安全规定的；

（二）在车辆、行人通行的地方施工，对沟井坎穴不设覆盖物、防围和警示标志的，或者故意损毁、移动覆盖物、防围和警示标志的；

（三）盗窃、损毁路面井盖、照明等公共设施的。

第五十九条　有下列行为之一的，处 500 元以上 1000 元以下罚款；情节严重的，处 5 日以上 10 日以下拘留，并处 500 元以上 1000 元以下罚款：

违反国家规定，收购铁路、油田、供电、电信、矿山、水利、测量和城市公共设施等废旧专用器材的。

《最高人民法院关于审理破坏电力设备刑事案件
具体应用法律若干问题的解释》

第一条　破坏电力设备，具有下列情形之一的，属于《刑法》第一百一十九条第一款规定的"造成严重后果"，以破坏电力设备罪判处十年以上有期徒刑、无期徒刑或者死刑：

（一）造成一人以上死亡、三人以上重伤或者十人以上轻伤的；

（二）造成一万以上用户电力供应中断六小时以上，致使生产、生活受到严重影响的；

（三）造成直接经济损失一百万元以上的；

（四）造成其他危害公共安全严重后果的。

第二条　过失损坏电力设备，造成本解释第一条规定的严重后果的，依照《刑法》第一百一十九条第二款的规定，以过失损坏电力设备罪判处三年以上七年以下有期徒刑；情节较轻的，处三年以下有期徒刑或者拘役。

第三条　盗窃电力设备，危害公共安全，但不构成盗窃罪的，以破坏电力设备罪定罪处罚；同时构成盗窃罪和破坏电力设备罪的，依照刑法处罚较重的规定定罪处罚。

盗窃电力设备，没有危及公共安全，但应当追究刑事责任的，可以根据案件的不同情况，按照盗窃罪等犯罪处理。

第四条　本解释所称电力设备，是指处于运行、应急等使用中的电力设备；已经通电使用，只是由于枯水季节或电力不足等原因暂停使用的电力设备；已经交付使用但尚未通电的电力设备。不包括尚未安装完毕，或者已经安装完毕但尚未交付使用的电力设备。

本解释中直接经济损失的计算范围，包括电量损失金额，被毁损设备材料的购置、更换、修复费用，以及因停电给用户造成的直接经济损失等。

《最高人民法院关于审理触电人身损害赔偿案件
若干问题的解释》

中华人民共和国最高人民法院公告

《最高人民法院关于审理触电人身损害赔偿案件若干问题的解释》已于 2000 年 11 月 13 日由最高人民法院审判委员会第 1137 次会议通过，现予公布，自 2001 年 1 月 21 日起施行。

2001 年 1 月 10 日

为正确审理因触电引起的人身损害赔偿案件，保护当事人的合法权益，根据《中华人民共和国民法通则》（以下简称《民法通则》）、《中华人民共和国电力法》和其他有关法律的规定，结合审判实践经验，对审理此类案件具体应用法律的若干问题解释如下：

第一条　《民法通则》第一百二十三条所规定的"高压"包括 1 千伏（kV）及其以上电压等级的高压电；1 千伏（kV）以下电压等级为非高压电。

第二条　因高压电造成人身损害的案件，由电力设施产权人依照《民法通则》第一百二十三条的规定承担民事责任。

但对因高压电引起的人身损害是由多个原因造成的，按照致害人的行为与损害结果之间的原因力确定各自的责任。致害人的行为是损害后果发生的主要原因，应当承担主要责任；致害人的行为是损害后果发生的非主要原因，则承担相应的责任。

第三条　因高压电造成他人人身损害有下列情形之一的，电力设施产权人不承担民事责任：

（一）不可抗力；

（二）受害人以触电方式自杀、自伤；

（三）受害人盗窃电能，盗窃、破坏电力设施或者因其他犯罪行为而引起触电事故；

（四）受害人在电力设施保护区从事法律、行政法规所禁止的行为。

第四条 因触电引起的人身损害赔偿范围包括：

（一）医疗费：指医院对因触电造成伤害的当事人进行治疗所收取的费用。医疗费根据治疗医院诊断证明、处方和医药费、住院费的单据确定。

医疗费还应当包括继续治疗费和其他器官功能训练费以及适当的整容费。继续治疗费既可根据案情一次性判决，也可根据治疗需要确定赔偿标准。

费用的计算参照公费医疗的标准。

当事人选择的医院应当是依法成立的、具有相应治疗能力的医院、卫生院、急救站等医疗机构。当事人应当根据受损害的状况和治疗需要就近选择治疗医院。

（二）误工费：有固定收入的，按实际减少的收入计算。没有固定收入或者无收入的，按事故发生地上年度职工平均年工资标准计算。误工时间可以按照医疗机构的证明或者法医鉴定确定；依此无法确定的，可以根据受害人的实际损害程度和恢复状况等确定。

（三）住院伙食补助费和营养费：住院伙食补助费应当根据受害人住院或者在外地接受治疗期间的时间，参照事故发生地国家机关一般工作人员的出差伙食补助标准计算。人民法院应当根据受害人的伤残情况、治疗医院的意见决定是否赔偿营养费及其数额。

（四）护理费：受害人住院期间，护理人员有收入的，按照误工费的规定计算；无收入的，按照事故发生地平均生活费计算。也可以参照护工市场价格计算。受害人出院以后，如果需要护理的，凭治疗医院证明，按照伤残等级确定。残疾用具费应一并考虑。

（五）残疾人生活补助费：根据丧失劳动能力的程度或伤残等级，按照事故发生地平均生活费计算。自定残之月起，赔偿二十年。但五十周岁以上的，年龄每增加一岁减少一年，最低不少于十年；七十周岁以上的，按五年计算。

（六）残疾用具费：受害残疾人因日常生活或辅助生产劳动需要必须配制假肢、代步车等辅助器具的，凭医院证明按照国产普通型器具的费用计算。

（七）丧葬费：国家或者地方有关机关有规定的，依该规定；没有规定的，按照办理丧葬实际支出的合理费用计算。

（八）死亡补偿费：按照当地平均生活费计算，补偿二十年。对七十周岁以上的，年龄每增加一岁少计一年，但补偿年限最低不少于十年。

（九）被抚养人生活费：以死者生前或者残者丧失劳动能力前实际抚养的、没有其他生活来源的人为限，按当地居民基本生活费标准计算。被抚养人不满十八周岁的，生活费计算到十八周岁。被抚养人无劳动能力的，生活费计算二十年，但五十周岁以上的，年龄每增加一岁抚养费少计一年，但计算生活费的年限最低不少于十年；被抚养人七十周岁以上的，抚养费只计五年。

（十）交通费：是指救治触电受害人实际必需的合理交通费用，包括必须转院治疗所必需的交通费。

（十一）住宿费：是指受害人因客观原因不能住院也不能住在家里确需就地住宿的费用，其数额参照事故发生地国家机关一般工作人员的出差住宿标准计算。

当事人的亲友参加处理触电事故所需交通费、误工费、住宿费、伙食补助费，参照第一款的有关规定计算，但计算费用的人数不超过三人。

第五条 依照前条规定计算的各种费用，凡实际发生和受害人急需的，应当一次性支付；其他费用，可以根据数额大小、受害人需求程度、当事人的履行能力等因素确定支付时间和方式。如果采用定期金赔偿方式，应当确定每期的赔偿额并要求责任人提供适当的担保。

第六条 因非高压电造成的人身损害赔偿可以参照第四条和第五条的规定处理。

《电力供应与使用条例》

第一章　总　则

第一条 为了加强电力供应与使用的管理，保障供电、用电双方的合法权益，维护供电、用电秩序，安全、经济、合理地供电和用电，根据《中华人民共和国电力法》制定本条例。

第二条 在中华人民共和国境内，电力供应企业（以下称供电企业）和电力使用者（以下称用户）以及与电力供应、使用有关的单位和个人，必须遵守本条例。

第三条 国务院电力管理部门负责全国电力供应与使用的监督管理工作。县级以上地方人民政府电力管理部门负责本行政区域内电力供应与使用的监督管理工作。

第四条 电网经营企业依法负责本供区内的电力供应与使用的业务工作，并接受电力管理部门的监督。

第五条 国家对电力供应和使用实行安全用电、节约用电、计划用电的管理原则。供电企业和用户应当遵守国家有关规定，采取有效措施，做好安全用电、节约用电、计划用电工作。

第六条 供电企业和用户应当根据平等自愿、协商一致的原则签订供用电合同。

第七条 电力管理部门应当加强对供用电的监督管理，协调供用电各方关系，禁止危害供用电安全和非法侵占电能的行为。

第二章　营业区

第八条 供电企业在批准的供电营业区内向用户供电。供电营业区的划分，应当考虑电网的结构和供电合理性等因素。一个供电营业区内只设立一个供电营业机构。

第九条　省、自治区、直辖市范围内的供电营业区的设立、变更，由供电企业提出申请，经省、自治区、直辖市人民政府电力管理部门会同同级有关部门审查批准后，由省、自治区、直辖市人民政府电力管理部门发给《供电营业许可证》。跨省、自治区、直辖市的供电营业区的设立、变更，由国务院电力管理部门审查批准并发给《供电营业许可证》。供电营业机构持《供电营业许可证》向工商行政管理部门申请领取营业执照，方可营业。电网经营企业应当根据电网结构和供电合理性的原则协助电力管理部门划分供电营业区。供电营业区的划分和管理办法，由国务院电力管理部门制定。

第十条　并网运行的电力生产企业按照并网协议运行后，送入电网的电力、电量由供电营业机构统一经销。

第十一条　用户用电容量超过其所在的供电营业区内供电企业供电能力的，由省级以上电力管理部门指定的其他供电企业供电。

第三章　供电设施

第十二条　县级以上各级人民政府应当将城乡电网的建设与改造规划，纳入城市建设和乡村建设的总体规划。各级电力管理部门应当会同有关行政主管部门和电网经营企业做好城乡电网建设和改造的规划。供电企业应当按照规划做好供电设施建设和运行管理工作。

第十三条　地方各级人民政府应当按照城市建设和乡村建设的总体规划统筹安排城乡供电线路走廊、电缆通道、区域变电所、区域配电所和营业网点的用地。供电企业可以按照国家有关规定在规划的线路走廊、电缆通道、区域变电所、区域配电所和营业网点的用地上，架线、敷设电缆和建设公用供电设施。

第十四条　公用路灯由乡、民族乡、镇人民政府或者县级以上地方人民政府有关部门负责建设，并负责运行维护和交付电费，也可以委托供电企业代为有偿设计、施工和维护管理。

第十五条　供电设施、受电设施的设计、施工、试验和运行，应当符合国家标准或者电力行业标准。

第十六条　供电企业和用户对供电设施、受电设施进行建设和维护时，作业区域内的有关单位和个人应当给予协助，提供方便；因作业对建筑物或者农作物造成损坏的，应当依照有关法律、行政法规的规定负责修复或者给予合理的补偿。

第十七条　公用供电设施建成投产后，由供电单位统一维护管理。经电力管理部门批准，供电企业可以使用、改造、扩建该供电设施。共用供电设施的维护管理，由产权单位协商确定，产权单位可自行维护管理，也可以委托供电企业维护管理。用户专用的供电设施建成投产后，由用户维护管理或者委托供电企业维护管理。

第十八条　因建设需要，必须对已建成的供电设施进行迁移、改造或者采取防护措施时，建设单位应当事先与该供电设施管理单位协商，所需工程费用由建设单位负担。

第四章　电力供应

第十九条　用户受电端的供电质量应当符合国家标准或者电力行业标准。

第二十条　供电方式应当按照安全、可靠、经济、合理和便于管理的原则，由电力供应与使用双方根据国家有关规定以及电网规划、用电需求和当地供电条件等因素协商确定。在公用供电设施未到达的地区，供电企业可以委托有供电能力的单位就近供电。非经供电企业委托，任何单位不得擅自向外供电。

第二十一条　因抢险救灾需要紧急供电时，供电企业必须尽速安排供电。所需工程费用和应付电费由有关地方人民政府有关部门从抢险救灾经费中支出，但是抗旱用电应当由用户交付电费。

第二十二条　用户对供电质量有特殊要求的，供电企业应当根据其必要性和电网的可能，提供相应的电力。

第二十三条　申请新装用电、临时用电、增加用电容量、变更用电和终止用电，均应当到当地供电企业办理手续，并按照国家有关规定交付费用；供电企业没有不予供电的合理理由的，应当供电。供电企业应当在其营业场所公告用电的程序、制度和收费标准。

第二十四条　供电企业应当按照国家标准或者电力行业标准参与用户受送电装置设计图纸的审核，对用户受送电装置隐蔽工程的施工过程实施监督，并在该受送电装置工程竣工后进行检验；检验合格的，方可投入使用。

第二十五条　供电企业应当按照国家有关规定实行分类电价、分时电价。

第二十六条　用户应当安装用电计量装置。用户使用的电力、电量，以计量检定机构依法认可的用电计量装置的记录为准。用电计量装置，应当安装在供电设施与受电设施的产权分界处。安装在用户处的用电计量装置，由用户负责保护。

第二十七条　供电企业应当按照国家核准的电价和用电计量装置的记录，向用户计收电费。用户应当按照国家批准的电价，并按照规定的期限、方式或者合同约定的办法，交付电费。

第二十八条　除本条例另有规定外，在发电、供电系统正常运行的情况下，供电企业应当连续向用户供电；因故需要停止供电时，应当按照下列要求事先通知用户或者进行公告：

（一）因供电设施计划检修需要停电时，供电企业应当提前 7 天通知用户或者进行公告；

（二）因供电设施临时检修需要停止供电时，供电企业应当提前 24 小时通知重要用户；

（三）因发电、供电系统发生故障需要停电、限电时，供电企业应当按照事先确定的限电序位进行停电或者限电。引起停电或者限电的原因消除后，供电企业应当尽快恢复供电。

第五章　电力使用

第二十九条　县级以上人民政府电力管理部门应当遵照国家产业政策，按照统筹兼顾、保证重点、择优供应的原则，做好计划用电工作。供电企业和用户应当制订节约用电计划，推广和采用节约用电的新技术、新材料、新工艺、新设备，降低电能消耗。供电企业和用户应当采用先进技术、采取科学管理措施，安全供电、用电，避免发生事故，维护公共安全。

第三十条　用户不得有下列危害供电、用电安全，扰乱正常供电、用电秩序的行为：

（一）擅自改变用电类别；

（二）擅自超过合同约定的容量用电；

（三）擅自超过计划分配的用电指标的；

（四）擅自使用已经在供电企业办理暂停使用手续的电力设备，或者擅自启用已经被供电企业查封的电力设备；

（五）擅自迁移、更动或者擅自操作供电企业的用电计量装置、电力负荷控制装置、供电设施以及约定由供电企业调度的用户受电设备；

（六）未经供电企业许可，擅自引入、供出电源或者将自备电源擅自并网。

第三十一条　禁止窃电行为。窃电行为包括：

（一）在供电企业的供电设施上，擅自接线用电；

（二）绕越供电企业的用电计量装置用电；

（三）伪造或者开启法定的或者授权的计量检定机构加封的用电计量装置封印用电；

（四）故意损坏供电企业用电计量装置；

（五）故意使供电企业的用电计量装置计量不准或者失效；

（六）采用其他方法窃电。

第六章　供电合同

第三十二条　供电企业和用户应当在供电前根据用户需要和供电企业的供电能力签订供用电合同。

第三十三条　供用电合同应当具备以下条款：

（一）供电方式、供电质量和供电时间；

（二）用电容量和用电地址、用电性质；

（三）计量方式和电价、电费结算方式；

（四）供用电设施维护责任的划分；

（五）合同的有效期限；

（六）违约责任；

（七）双方共同认为应当约定的其他条款。

第三十四条　供电企业应当按照合同约定的数量、质量、时间、方式，合理调度和安全供电。用户应当按照合同约定的数量、条件用电，交付电费和国家规定的其他费用。

第三十五条　供用电合同的变更或者解除，应当依照有关法律、行政法规和本条例的规定办理。

第七章　监督与管理

第三十六条　电力管理部门应当加强对供电、用电的监督和管理。供电、用电监督检查工作人员必须具备相应的条件。供电、用电监督检查工作人员执行公务时，应当出示证件。供电、用电监督检查管理的具体办法，由国务院电力管理部门另行制定。

第三十七条　在用户受送电装置上作业的电工，必须经电力管理部门考核合格，取得电力管理部门颁发的《电工进网作业许可证》，方可上岗作业。承装、承修、承试供电设施和受电设施的单位，必须经电力管理部门审核合格，取得电力管理部门颁发的《承装（修）电力设施许可证》后，方可向工商行政管理部门申请领取营业执照。

第八章　法律责任

第三十八条　违反本条例规定，有下列行为之一的，由电力管理部门责令改正，没收违法所得，可以并处违法所得5倍以下的罚款：

（一）未按照规定取得《供电营业许可证》，从事电力供应业务的；

（二）擅自伸入或者跨越供电营业区供电的；

（三）擅自向外转供电的。

第三十九条　违反本条例第二十七条规定，逾期未交付电费的，供电企业可以从逾期之日起，每日按照电费总额的1‰至3‰加收违约金，具体比例由供用电双方在供用电合同中约定；自逾期之日起计算超过30日，经催交仍未交付电费的，供电企业可以按照国家规定的程序停止供电。

第四十条　违反本条例第三十条规定，违章用电的，供电企业可以根据违章事实和造成的后果追缴电费，并按照国务院电力管理部门的规定加收电费和国家规定的其他费用；情节严重的，可以按照国家规定的程序停止供电。

第四十一条　违反本条例第三十一条规定，盗窃电能的，由电力管理部门责令停止违法行为，追缴电费并处应交电费5倍以下的罚款；构成犯罪的，依法追究刑事责任。

第四十二条　供电企业或者用户违反供用电合同，给对方造成损失的，应当依法承担赔偿责任。

第四十三条　因电力运行事故给用户或者第三人造成损害的，供电企业应当依法承担赔偿责任。因用户或者第三人的过错给供电企业或者其他用户造成损害的，该用户或者第三人应当依法承担赔偿责任。

第四十四条　供电企业职工违反规章制度造成供电事故的，或者滥用职权、利用职务之便谋取私利的，依法给予行政处分；构成犯罪的，依法追究刑事责任。

第九章　附　则

第四十五条　本条例自 1996 年 9 月 1 日起施行。

《电力监管条例》

第一章　总　则

第一条　为了加强电力监管，规范电力监管行为，完善电力监管制度，制定本条例。

第二条　电力监管的任务是维护电力市场秩序，依法保护电力投资者、经营者、使用者的合法权益和社会公共利益，保障电力系统安全稳定运行，促进电力事业健康发展。

第三条　电力监管应当依法进行，并遵循公开、公正和效率的原则。

第四条　国务院电力监管机构依照本条例和国务院有关规定，履行电力监管和行政执法职能；国务院有关部门依照有关法律、行政法规和国务院有关规定，履行相关的监管职能和行政执法职能。

第五条　任何单位和个人对违反本条例和国家有关电力监管规定的行为有权向电力监管机构和政府有关部门举报，电力监管机构和政府有关部门应当及时处理，并依照有关规定对举报有功人员给予奖励。

第二章　监管机构

第六条　国务院电力监管机构根据履行职责的需要，经国务院批准，设立派出机构。国务院电力监管机构对派出机构实行统一领导和管理。

国务院电力监管机构的派出机构在国务院电力监管机构的授权范围内，履行电力监管职责。

第七条　电力监管机构从事监管工作的人员，应当具备与电力监管工作相适应的专业知识和业务工作经验。

第八条　电力监管机构从事监管工作的人员，应当忠于职守，依法办事，公正廉洁，不得利用职务便利谋取不正当利益，不得在电力企业、电力调度交易机构兼任职务。

第九条　电力监管机构应当建立监管责任制度和监管信息公开制度。

第十条　电力监管机构及其从事监管工作的人员依法履行电力监管职责，有关单位和人员应当予以配合和协助。

第十一条　电力监管机构应当接受国务院财政、监察、审计等部门依法实施的监督。

第三章　监管职责

第十二条　国务院电力监管机构依照有关法律、行政法规和本条例的规定，在其职责范围内制定并发布电力监管规章、规则。

第十三条　电力监管机构依照有关法律和国务院有关规定，颁发和管理电力业务许可证。

第十四条　电力监管机构按照国家有关规定，对发电企业在各电力市场中所占份额的比例实施监管。

第十五条　电力监管机构对发电厂并网、电网互联以及发电厂与电网协调运行中执行有关规章、规则的情况实施监管。

第十六条　电力监管机构对电力市场向从事电力交易的主体公平、无歧视开放的情况以及输电企业公平开放电网的情况依法实施监管。

第十七条　电力监管机构对电力企业、电力调度交易机构执行电力市场运行规则的情况，以及电力调度交易机构执行电力调度规则的情况实施监管。

第十八条　电力监管机构对供电企业按照国家规定的电能质量和供电服务质量标准向用户提供供电服务的情况实施监管。

第十九条　电力监管机构具体负责电力安全监督管理工作。

国务院电力监管机构经商国务院发展改革部门、国务院安全生产监督管理部门等有关部门后，制订重大电力生产安全事故处置预案，建立重大电力生产安全事故应急处置制度。

第二十条　国务院价格主管部门、国务院电力监管机构依照法律、行政法规和国务院的规定，对电价实施监管。

第四章　监管措施

第二十一条　电力监管机构根据履行监管职责的需要，有权要求电力企业、电力调度交易机构报送与监管事项相关的文件、资料。

电力企业、电力调度交易机构应当如实提供有关文件、资料。

第二十二条　国务院电力监管机构应当建立电力监管信息系统。

电力企业、电力调度交易机构应当按照国务院电力监管机构的规定将与监管相关的信息系统接入电力监管信息系统。

第二十三条　电力监管机构有权责令电力企业、电力调度交易机构按照国家有关电力监管规章、规则的规定如实披露有关信息。

第二十四条　电力监管机构依法履行职责，可以采取下列措施，进行现场检查：

（一）进入电力企业、电力调度交易机构进行检查；

（二）询问电力企业、电力调度交易机构的工作人员，要求其对有关检查事项作出说明；

（三）查阅、复制与检查事项有关的文件、资料，对可能被转移、隐匿、损毁的文件、资料予以封存；

（四）对检查中发现的违法行为，有权当场予以纠正或者要求限期改正。

第二十五条　依法从事电力监管工作的人员在进行现场检查时，应当出示有效执法证件；未出示有效执法证件的，电力企业、电力调度交易机构有权拒绝检查。

第二十六条　发电厂与电网并网、电网与电网互联，并网双方或者互联双方达不成协议，影响电力交易正常进行的，电力监管机构应当进行协调；经协调仍不能达成协议的，由电力监管机构作出裁决。

第二十七条　电力企业发生电力生产安全事故，应当及时采取措施，防止事故扩大，并向电力监管机构和其他有关部门报告。电力监管机构接到发生重大电力生产安全事故报告后，应当按照重大电力生产安全事故处置预案，及时采取处置措施。电力监管机构按照国家有关规定组织或者参加电力生产安全事故的调查处理。

第二十八条　电力监管机构对电力企业、电力调度交易机构违反有关电力监管的法律、行政法规或者有关电力监管规章、规则，损害社会公共利益的行为及其处理情况，可以向社会公布。

第五章　法律责任

第二十九条　电力监管机构从事监管工作的人员有下列情形之一的，依法给予行政处分；构成犯罪的，依法追究刑事责任：

（一）违反有关法律和国务院有关规定颁发电力业务许可证的；

（二）发现未经许可擅自经营电力业务的行为，不依法进行处理的；

（三）发现违法行为或者接到对违法行为的举报后，不及时进行处理的；

（四）利用职务便利谋取不正当利益的。

电力监管机构从事监管工作的人员在电力企业、电力调度交易机构兼任职务的，由电力监管机构责令改正，没收兼职所得；拒不改正的，予以辞退或者开除。

第三十条　违反规定未取得电力业务许可证擅自经营电力业务的，由电力监管机构责令改正，没收违法所得，可以并处违法所得 5 倍以下的罚款；构成犯罪的，依法追究刑事责任。

第三十一条　电力企业违反本条例规定，有下列情形之一的，由电力监管机构责令改正；拒不改正的，处 10 万元以上 100 万元以下的罚款；对直接负责的主管人员和其他直接责任人员，依法给予处分；情节严重的，可以吊销电力业务许可证：

（一）不遵守电力市场运行规则的；

（二）发电厂并网、电网互联不遵守有关规章、规则的；

（三）不向从事电力交易的主体公平、无歧视开放电力市场或者不按照规定公平开放电网的。

第三十二条　供电企业未按照国家规定的电能质量和供电服务质量标准向用户提供供电服务的，由电力监管机构责令改正，给予警告；情节严重的，对直接负责的主管人员和其他直接责任人员，依法给予处分。

第三十三条　电力调度交易机构违反本条例规定，不按照电力市场运行规则组织交易的，由电力监管机构责令改正；拒不改正的，处10万元以上100万元以下的罚款；对直接负责的主管人员和其他直接责任人员，依法给予处分。

电力调度交易机构工作人员泄露电力交易内幕信息的，由电力监管机构责令改正，并依法给予处分。

第三十四条　电力企业、电力调度交易机构有下列情形之一的，由电力监管机构责令改正；拒不改正的，处5万元以上50万元以下的罚款，对直接负责的主管人员和其他直接责任人员，依法给予处分；构成犯罪的，依法追究刑事责任：

（一）拒绝或者阻碍电力监管机构及其从事监管工作的人员依法履行监管职责的；

（二）提供虚假或者隐瞒重要事实的文件、资料的；

（三）未按照国家有关电力监管规章、规则的规定披露有关信息的。

第三十五条　本条例规定的罚款和没收的违法所得，按照国家有关规定上缴国库。

第六章　附　则

第三十六条　电力企业应当按照国务院价格主管部门、财政部门的有关规定缴纳电力监管费。

第七章　实施时间

第三十七条　本条例自2005年5月1日起施行。

《供电营业规则》

中华人民共和国电力工业部令　第8号

【颁布单位】中华人民共和国电力工业部
【颁布日期】1996年10月8日
【实施日期】1996年10月8日

第一章　总　则

第一条　为加强供电营业管理，建立正常的供电营业秩序，保障供用双方的合法权益，根据《电力供应与使用条例 》和国家有关规则，制定本规则。

第二条　供电企业和用户在进行电力供应与使用活动中，应遵守本规则的规定。

第三条　供电企业和用户应当遵守国家有关规定，服从电网统一调度，严格按指标供电和用电。

第四条　本规则应放置在供电企业的用电营业场所，供用户查阅。

第二章　供电方式

第五条　供电企业供电的额定频率为交流 50 赫兹。

第六条　供电企业供电的额定电压：

1. 低压供电：单相为 220 伏，三相为 380 伏；

2. 高压供电：为 10、35（63）、110、220 千伏。

除发电厂直配电压可采用 3 千伏或 6 千伏外，其他等级的电压应逐步过渡到上列额定电压。

用户需要的电压等级不在上列范围时，应自行采用变压措施解决。

用户需要的电压等级在 110 千伏及以上时，其受电装置应作为终端变电站设计，方案需经省电网经营企业审批。

第七条　供电企业对申请用电的用户提供的供电方式，应从供用电的安全、经济、合理和便于管理出发，依据国家的有关政策和规定、电网的规划、用电需求以及当地供电条件等因素，进行技术经济比较，与用户协商确定。

第八条　用户单相用电总容量不足 10 千瓦的可采用低压 220 伏供电。但有单台设备容量超过 1 千瓦的单相电焊机、换流设备时，用户必须采取有效的技术措施以消除对电能质量的影响，否则应改为其他方式供电。

第九条　用户用电设备容量在 100 千瓦及以下或需用变压器容量在 50 千伏安及以下者，可采用低压三相四线制供电，特殊情况也可采用高压供电。

用电负荷密度较高的地区，经过技术经济比较，采用低压供电的技术经济性明显优于高压供电时，低压供电的容量界限可适当提高。具体容量界限由省电网经营企业作出规定。

第十条　供电企业可以对距离发电厂较近的用户，采用发电厂直配供电方式，但不得以发电厂的厂用电源或变电站（所）的站用电源对用户供电。

第十一条　用户需要备用、保安电源时，供电企业应按其负荷重要性、用电容量和供电的可能性，与用户协商确定。

用户重要负荷的保安电源，可由供电企业提供，也可由用户自备。遇有下列情况之一者，保安电源应由用户自备：

1. 在电力系统瓦解或不可抗力造成供电中断时，仍需保证供电的；

2. 用户自备电源比电力系统供给更为经济合理的。

供电企业向有重要负荷的用户提供的保安电源，应符合独立电源的条件。有重要负荷的用户在取得供电企业供给的保安电源的同时，还应有非电性质的应急措施，以满足安全的需要。

第十二条 对基建工地、农田水利、市政建设等非永久性用电，可供给临时电源。临时用电期限除经供电企业准许外，一般不超过六个月，逾期不办理延期或永久性正式用电手续的，供电企业应终止供电。

使用临时电源的用户不得向外转供电，也不得转让给其他用户，供电企业也不受理其变更用电事宜。如需改为正式用电应按新装用电办理。

因抢险救灾需要紧急供电时，供电企业应迅速组织力量，架设临时电源供电。架设临时电源所需的工程费用和应付的电费，由地方人民政府有关部门负责从救灾经费中拨付。

第十三条 供电企业一般不采用趸售方式供电，以减少中间环节。特殊情况需开放趸售供电时，应由省级电网经营企业报国务院电力管理部门批准。

趸购转售电单位应服从电网的统一调度，按国家规定的电价向用户售电，不得再向乡、村层层趸售。

电网经营企业与趸购转售电单位应就趸购转售事宜签订供用电合同，明确双方的权利和义务。

趸购转售电单位需新装或增加趸售容量时，应按本规则的规定办理新装增容手续。

第十四条 用户不得自行转供电。在公用供电设施尚未到达的地区，供电企业征得该地区有供电能力的直供用户同意，可采用委托方式向其附近的用户转供电力，但不得委托重要的国防军工用户转供电。

委托转供电应遵守下列规定：

1. 供电企业与委托转供户（以下简称转供户）应就转供范围、转供容量、转供期限、转供费用、转供用电指标、计量方式、电费计算、转供电设施建设、产权划分、运行维护、调度通信、违约责任等事项签订协议。

2. 转供区域内用户（以下简称被转供户），视同供电企业的直供户，与直供户享有同样的用电权利，其一切用电事宜按直供户的规定办理。

3. 向被转供户供电的公用线路与变压器的损耗电量应由供电企业负担，不得摊入被转供户用电量中。

4. 在计算转供户用电量、最大需量及功率因数调整电费时，应扣除被转供户、公用线路与变压器消耗的有功、无功电量。最大需量按下列规定折算：

（1）照明及一班制：每月用电量 180 千瓦时，折合为 1 千瓦；

（2）二班制：每月用电量 360 千瓦时，折合为 1 千瓦；

（3）三班制：每月用电量 540 千瓦时，折合为 1 千瓦；

（4）农业用电：每月用电量270千瓦时，折合为1千瓦。

5. 委托的费用，按委托的业务项目的多少，由双方协商确定。

第十五条　为保障用电安全，便于管理，用户应将重要负荷与非重要负荷、生产用电与生活区用电分开配电。

新装或增加用电的用户按上述规定确定内部的配电方式，对目前尚未达到上述要求的用户应逐步进行改造。

第三章　新装、增容与变更用电

第十六条　任何单位或个人需新装用电或增加用电容量、变更用电都必须按本规则，事先到供电企业用电营业场所提出申请，办理手续。

供电企业应在用电营业场所公告办理各项用电业务的程序、制度和收费标准。

第十七条　供电企业的用电营业机构统一归口办理用户的用电申请和报装接电工作，包括用电申请书的发放及审核、供电条件勘查、供电方案及批复、有关费用收取、受电工程设计的审核、施工中间检验、供用电合同（协议）签约、装表接电等项业务。

第十八条　用户申请新装或增加用电时，应向供电企业提供用电工程项目批准的文件及有关的用电资料，包括用电地点、电力用途、用电性质、用电设备、用电设备清单、用电负荷、保安电力、用电规划等，并依照供电企业规定如实填写用电申请书及办理所需手续。

新建受电工程项目在立项阶段，用户应与供电企业联系，就工程供电的可能性、用电容量和供电条件等达成意向性协议，方可定址，确定项目。

未按前项规定办理的，供电企业有权拒绝受理其用电申请。

如因供电企业供电能力不足或政府规定限制的用电项目，供电企业可通知用户暂缓办理。

第十九条　供电企业对已受理的用电申请，应尽速确定供电方案，在以下期限内正式书面通知用户：

居民用户最长不超过五天；低压电力用户最长不超过十天；高压单电源用户最长不超过一个月；高压双电源用户最长不超过二个月。若不能如期确定供电方案时，供电企业应向用户说明原因。用户对供电企业答复的供电方案有不同意见时，应在一个月内提出意见，双方可再行协商确定。用户应根据确定的供电方案进行受电工程设计。

第二十条　用户新装或增加用电，在供电方案确定后，应根据国家的有关规定向供电企业交纳新装增容供电工程贴费（以下简称供电贴费）。

第二十一条　供电方案的有效期，是指从供电方案正式通知书发出之日起至交纳供电贴费并受电工程开工之日为止。高压供电方案的有效期为一年。低压供电方案的有效期为三个月，逾期注销。

用户遇有特殊情况，需延长供电方案有效期的，应在有效期到期前十天向供电企业提出申请，供电企业应视情况予以办理延长手续。但延长时间不得超过前款规定期限。

第二十二条　有下列情况之一者，为变更用电。用户需变更用电时，应事先提出申请，并携带有关证明文件，到供电企业用电营业场所办理手续，变更供用电合同：

1. 减少合同约定的用电容量（简称减容）；

2. 暂时停止全部或部分受电设备的用电（简称暂停）；

3. 临时更换大容量变压器（简称暂换）；

4. 迁移受电装置用电地址（简称迁址）；

5. 移动用电计量装置安装位置（简称移表）；

6. 暂时停止用电并拆表（简称暂拆）；

7. 改变用户的名称（简称更名或过户）；

8. 一户分列为两户及以上的用户（简称分户）；

9. 两户及以上用户合并为一户（简称并户）；

10. 合同到期终止用电（简称销户）；

11. 改变供电电压等级（简称改压）；

12. 改变用电类别（简称改类）。

第二十三条　用户减容，须在五天前向供电企业提出申请。供电企业应按下列规定办理：

1. 减容必须是整台或整组变压器的停止或更换小容量变压器用电。供电企业在受理之日后，根据用户申请减容的日期对设备进行加封。从加封之日起，按原计费方式减收其相应容量的基本电费。但用户申明为永久性减容的或从加封之日起期满二年又不办理恢复用电手续的，其减容后的容量已达不到实施两部制电价规定容量标准时，应改为单一制电价计费。

2. 减少用电容量的期限，应根据用户所提出的申请确定，但最短期限不得少于六个月，最长期限不得超过二年。

3. 在减容期限内，供电企业应保留用户减少容量的使用权。用户要求恢复用电，不再交付供电贴费；超过减容期限要求恢复用电时，应按新装或增容手续办理。

4. 在减容期限内要求恢复用电时，应在五天前向供电企业办理恢复用电手续，基本电费从启封之日起计收。

5. 减容期满后的用户以及新装、增容用户，二年内不得申办减容或暂停。如确需继续办理减容或暂停的，减少或暂停部分容量的基本电费应按百分之五十计算收取。

第二十四条　用户暂停，须在五天前向供电企业提出申请。供电企业应按下列规定办理：

1. 用户在每一日历年内，可申请全部（含不通过受电变压器的高压电动机）或部分用电容量的暂时停止用电两次，每次不得少于十五天，一年累计暂停时间不得超过六个月。季节性用电或国家另有规定的用户，累计暂停时间可以另议。

2. 按变压器容量计收基本电费的用户，暂停用电必须是整台或整组变压器停止运行。供电企业在受理暂停申请后，根据用户申请暂停的日期对暂停设备加封。从加封之日起，按原计费方式减收其相应容量的基本电费。

3. 暂停期满或每一日历年内累计暂停用电时间超过六个月者，不论用户是否申请恢复用电，供电企业须从期满之日起，按合同的容量计收其基本电费。

4. 在暂停期限内，用户申请恢复暂停用电容量用电时，须在预定恢复日前五天向供电企业提出申请。暂停时间少于十五天者，暂停期间基本电费照收。

5. 按最大需量计收基本电费的用户，申请暂停用电必须是全部容量（含不通过受电变压器的高压电动机）的暂停，并遵守本条 1 至 4 项的有关规定。

第二十五条 用户暂换（因受电变压器故障而无相同容量变压器替代，需要临时更换大容量变压器），须在更换前向供电企业提出申请。供电企业应按下列规定办理：

1. 必须在原受电地点内整台的暂换受电变压器；

2. 暂换变压器的使用时间，10 千伏及以下的不得超过二个月，35 千伏以上的不得超过三个月，逾期不办理手续的，供电企业可中止供电；

3. 暂换的变压器经检验合格后才能投入运行；

4. 暂换变压器增加的容量不收取供电贴费，但对两部制电价用户须在暂换之日起，按替换后的变压器容量计收基本电费。

第二十六条 用户迁址，须在五天前向供电企业提出申请。供电企业应按下列规定办理：

1. 原址按终止用电办理，供电企业予以销户。新址用电优先受理。

2. 迁移后的新址不在原供电点供电的，新址用电按新装用电办理。

3. 迁移后的新址在原供电点供电的，且新址用电容量不超过原址容量，新址用电不再收取供电贴费。新址用电引起的工程费用由用户负担。

4. 迁移后的新址仍在原供电点，但新址用电容量超过原址用电容量的，超过部分按增容办理。

5. 私自迁移用电地址而用电者，除按本规则第一百条第 5 项处理外，自迁新址不论是否引起供电点变动，一律按新装用电办理。

第二十七条 用户移表（因修缮房屋或其他原因需要移动用电计量装置安装位置）须向供电企业提出申请。供电企业应按下列规定办理：

1. 在用电地址、用电容量、用电类别、供电点等不变情况下，可办理移表手续；

2. 移表所需的费用由用户负担；

3. 用户不论何种原因，不得自行移动表位，否则，可按本规则第一百条第 5 项处理。

第二十八条 用户暂拆（因修缮房屋等原因需要暂时停止用电并拆表），应持有关证明向供电企业提出申请。供电企业应按下列规定办理：

1. 用户办理暂拆手续后，供电企业应在五天内执行暂拆；

2. 暂拆时间最长不得超过六个月。暂拆期间，供电企业保留该用户原容量的使用权；

3. 暂拆原因消除，用户要求复装接电时，须向供电企业办理复装接电手续并按规定交付费用。上述手续完成后，供电企业应在五天内为该用户复装接电；

4. 超过暂拆规定时间要求复装接电者，按新装手续办理。

第二十九条 用户更名或过户（依法变更用户名称或居民用户房屋变更户主），应持有关证明向供电企业提出申请。供电企业应按下列规定办理：

1. 在用电地址、用电容量、用电类别不变条件下，允许办理更名或过户；

2. 原用户应与供电企业结清债务，才能解除原供用电关系；

3. 不申请办理过户手续而私自过户者，新用户应承担原用户所负债务。经供电企业检查发现用户私自过户时，供电企业应通知该户补办手续，必要时可中止供电。

第三十条 用户分户，应持有关证明向供电企业提出申请。供电企业应按下列规定办理：

1. 在用电地址、供电点、用电容量不变，且其受电装置具备分装的条件时，允许办理分户；

2. 在原用户与供电企业结清债务的情况下，再办理分户手续；

3. 分立后的新用户应与供电企业重新建立供用电关系；

4. 原用户的用电容量由分户者自行协商分割，需要增容者，分户后另行向供电企业办理增容手续；

5. 分户引起的工程费用由分户者负担；

6. 分户后受电装置应经供电企业检验合格，由供电企业分别装表计费。

第三十一条 用户并户，应持有关证明向供电企业提出申请，供电企业应按下列规定办理：

1. 在同一供电点，同一用电地址的相邻两个及以上用户允许办理并户；

2. 原用户应在并户前向供电企业结清债务；

3. 新用户用电容量不得超过并户前各户容量之总和；

4. 并户引起的工程费用由并户者负担；

5. 并户的受电装置应经检验合格，由供电企业重新装表计费。

第三十二条 用户销户，须向供电企业提出申请。供电企业应按下列规定办理：

1. 销户必须停止全部用电容量的使用；

2. 用户已向供电企业结清电费；

3. 查验用电计量装置完好性后，拆除接户线和用电计量装置；

4. 用户持供电企业出具的凭证，领还电能表保证金与电费保证金。

办完上述事宜，即解除供用电关系。

第三十三条 用户连续六个月不用电，也不申请办理暂停用电手续者，供电企业须以销户终止其用电。用户需再用电时，按新装用电办理。

第三十四条 用户改压（因用户原因需要在原址改变供电电压等级），应向供电企业提出申请。供电企业应按下列规定办理：

1. 改为高一等级电压供电，且容量不变者，免收其供电贴费。超过原容量者，超过部分按增容手续办理。

2. 改为低一等级电压供电时，改压后的容量不大于原容量者，应收取两级电压供电贴费标准差额的供电贴费。超过原容量者，超过部分按增容手续办理。

3. 改压引起的工程费用由用户负担。

由于供电企业的原因引起用户供电电压等级变化的，改压引起的用户外部工程费用由供电企业负担。

第三十五条　用户改类，须向供电企业提出申请，供电企业应按下列规定办理：

1. 在同一受电装置内，电力用途发生变化而引起用电电价类别改变时，允许办理改类手续；

2. 擅自改变用电类别，应按本规则第一百条第 1 项处理。

第三十六条　用户依法破产时，供电企业应按下列规定办理：

1. 供电企业应予销户，终止供电；

2. 在破产用户原址上用电的，按新装用电办理；

3. 从破产用户分离出去的新用户，必须在偿清原破产用户电费和其他债务后，方可办理变更用电手续，否则，供电企业可按违约用电处理。

第四章　受电设施建设与维护管理

第三十七条　用户受电设施的建设与改造应当符合城乡电网建设与改造规划。对规划中安排的线路走廊和变电站建设用地，应当优先满足公用供电设施建设的需要，确保土地和空间资源得到有效利用。

第三十八条　用户新装、增容或改装受电工程的设计安装、试验与运行应符合国家有关标准；国家尚未制定标准的，应符合电力行业标准；国家和电力行业尚未制定标准的，应符合省（自治区、直辖市）电力管理部门的规定和规程。

第三十九条　用户受电工程设计文件和有关资料应一式两份送交供电企业审核。高压供电的用户应提供：

1. 受电工程设计及说明书；

2. 用电负荷分布图；

3. 负荷组成、性质及保安负荷；

4. 影响电能质量的用电设备清单；

5. 主要电气设备一览表；

6. 节能篇及主要生产设备、生产工艺耗电以及允许中断供电时间；

7. 高压受电装置一、二次接线图与平面布置图；

8. 用电功率因数计算及无功补偿方式；

9. 继电保护、过电压保护及电能计量装置的方式；

10. 隐蔽工程设计资料；

11. 配电网络布置图；

12. 自备电源及接线方式；

13. 供电企业认为必须提供的其他资料。

低压供电的用户应提供负荷组成和用电设备清单。

第四十条　供电企业对用户送审的受电工程设计文件和有关资料，应根据本规则的有关规定进行审核。审核的时间，对高压供电的用户最长不超过一个月；对低压供电的用户最长不超过十天。供电企业对用户的受电工程设计文件和有关资料的审核意见应以书面形式连同审核过的一份受电工程设计文件和有关资料一并退还用户，以便用户据以施工。用户若更改审核后的设计文件时，应将变更后的设计再送供电企业复核。

用户受电工程的设计文件，未经供电企业审核同意，用户不得据以施工，否则，供电企业将不予检验和接电。

第四十一条 无功电力应就地平衡。用户应在提高用电自然功率因数的基础上，按有关标准设计和安装无功补偿设备，并做到随其负荷和电压变动及时投入或切除，防止无功电力倒送。除电网有特殊要求的用户外，用户在当地供电企业规定的电网高峰负荷时的功率因数，应达到下列规定：

100 千伏安及以上高压供电的用户功率因数为 0.90 以上。

其他电力用户和大、中型电力排灌站、趸购转售电企业，功率因数为 0.85 以上。

农业用电，功率因数为 0.80。

凡功率因数不能达到上述规定的新用户，供电企业可拒绝接电。对已送电的用户，供电企业应督促和帮助用户采取措施，提高功率因数。对在规定期限内仍未采取措施达到上述要求的用户，供电企业可中止或限制供电。

功率因数调整电费办法按国家规定执行。

第四十二条 用户受电工程在施工期间，供电企业应根据审核同意的设计和有关施工标准，对用户受电工程中的隐蔽工程进行中间检查。如有不符合规定的，应以书面形式向用户提出意见，用户应按设计和施工标准的规定予以改正。

第四十三条 用户受电工程施工、试验完工后，应向供电企业提出工程竣工报告，报告应包括：

1. 工程竣工图及说明；
2. 电气试验及保护整定调试记录；
3. 安全用具的试验报告；
4. 隐蔽工程的施工及试验记录；
5. 运行管理的有关规定和制度；
6. 值班人员名单及资格；
7. 供电企业认为必要的其他资料或记录。

供电企业接到用户的受电装置竣工报告及检验申请后，应及时组织检验。对检验不合格的，供电企业应以书面形式一次性通知用户改正，改正后方予以再次检验，直至合格。但自第二次检验起，每次检验前用户须按规定交纳重复检验费。检验合格后的十天内，供电企业应派员装表接电。

重复检验收费标准，由省电网经营企业提出，报经省有关部门批准后执行。

第四十四条 公用路灯、交通信号灯是公用设施，应由当地人民政府及有关管理部门投资建设，并负责维护管理和交纳电费等事项。供电企业可接受地方有关部门的委托，代为设计、施工与维护管理公用路灯，并照章收取费用，具体事项由双方协商确定。

第四十五条 用户建设临时性受电设施，需要供电企业施工的，其施工费用应由用户负担。

第四十六条　用户独资、合资或集资建设的输电、变电、配电等供电设施建成后，其运行维护管理按以下规定确定：

1. 属于公用性质或占用公用线路规划走廊的，由供电企业统一管理。供电企业应在交接前，与用户协商，就供电设施运行维护管理达成协议。对统一运行维护管理的公用供电设施，供电企业应保留原所有者在上述协议中确认的容量。

2. 属于用户专用性质，但不在公用变电站内的供电设施，由用户运行维护管理。如用户运行维护管理确有困难，可与供电企业协商，就委托供电企业代为运行维护管理有关事项签订协议。

3. 属于用户共用性质的供电设施，由拥有产权的用户共同运行维护管理。如用户共同运行维护管理确有困难，可与供电企业协商，就委托供电企业代为运行维护管理有关事项签订协议。

4. 在公用变电站内由用户投资建设的供电设备，如变压器、通信设备、开关、刀闸等，由供电企业统一经营管理。建成投运前，双方应就运行维护、检修、备品备件等项事宜签订交接协议。

5. 属于临时用电等其他性质的供电设施，原则上由产权所有者运行维护管理，或由双方协商确定，并签订协议。

第四十七条　供电设施的运行维护管理范围，按产权归属确定。责任分界点按下列各项确定：

1. 公用低压线路供电的，以供电接户线用户端最后支持物为分界点，支持物属供电企业。

2. 10千伏及以下公用高压线路供电的，以用户厂界外或配电室前的第一断路器或第一支持物为分界点，第一断路器或第一支持物属供电企业。

3. 35千伏及以上公用高压线路供电的，以用户厂界外或用户变电站外第一基电杆为分界点。第一基电杆属供电企业。

4. 采用电缆供电的，本着便于维护管理的原则，分界点由供电企业与用户协商确定。

5. 产权属于用户且由用户运行维护的线路，以公用线路分支杆或专用线路接引的公用变电站外第一基电杆为分界点，专用线路第一基电杆属用户。

在电气上的具体分界点，由供用双方协商确定。

第四十八条　供电企业和用户分工维护管理的供电和受电设备，除另有约定者外，未经管辖单位同意，对方不得操作或更动；如因紧急事故必须操作或更动者，事后应迅速通知管辖单位。

第四十九条　由于工程施工或线路维护上的需要，供电企业须在用户处进行凿墙、挖沟、掘坑、巡线等作业时，用户应给予方便，供电企业工作人员应遵守用户的有关安全保卫制度。用户到供电企业维护的设备区作业时，应征得供电企业同意，并在供电企业人员监护下进行工作。作业完工后，双方均应及时予以修复。

第五十条　因建设引起建筑物、构筑物与供电设施相互妨碍，需要迁移供电设施或采取防护措施时，应按建设先后的原则，确定其担负的责任。如供电设施建设在先，建筑物、构筑物建设在后，由后续建设单位负担供电设施迁移、防护所需的费用；如建筑物、构筑物的建设在先，供电设施建设在后，由供电设施建设单位负担建筑物、构筑物的迁移所需的费用；不能确定建设的先后者，由双方协商解决。供电企业需要迁移用户或其他供电企业的设施时，也按上述原则办理。

城乡建设与改造需迁移供电设施时，供电企业和用户都应积极配合，迁移所需的材料和费用，应在城乡建设与改造投资中解决。

第五十一条　在供电设施上发生事故引起的法律责任，按供电设施产权归属确定。产权归属于谁，谁就承担其拥有的供电设施上发生事故引起的法律责任。但产权所有者不承担受害者因违反安全或其他规章制度，擅自进入供电设施非安全区域内而发生事故引起的法律责任，以及在委托维护的供电设施上，因代理方维护不当所发生事故引起的法律责任。

第五章　供电质量与安全供用电

第五十二条　供电企业和用户都应加强供电和用电的运行管理，切实执行国家和电力行业制定的有关安全供用电的规程制度。用户执行其上级主管机关颁发的电气规程制度，除特殊专用的设备外，如与电力行业标准或规定有矛盾时，应以国家和电力行业标准或规定为准。

供电企业和用户在必要时应制定本单位的现场规程。

第五十三条　在电力系统正常状况下，供电频率的允许偏差为：

1. 电网装机容量在 300 万千瓦及以上的，为 ±0.2 赫兹；

2. 电网装机容量在 300 万千瓦以下的，为 ±0.5 赫兹。

在电力系统非正常状况下，供电频率允许偏差不应超过 ±1.0 赫兹。

第五十四条　在电力系统正常状况下，供电企业供到用户受电端的供电电压允许偏差为：

1. 35 千伏及以上电压供电的，电压正、负偏差的绝对值之和不超过额定值的 10%；

2. 10 千伏及以下三相供电的，为额定值的 ±7%；

3. 220 伏单相供电的，为额定值的 +7%，−10%。

在电力系统非正常状况下，用户受电端的电压最大允许偏差不应超过额定值的 ±10%。

用户用电功率因数达不到本规则第四十一条规定的，其受电端的电压偏差不受此限制。

第五十五条　电网公共连接点电压正弦波畸变率和用户注入电网的谐波电流不得超过国家标准 GB/T 14549—1993 的规定。

用户的非线性阻抗特性的用电设备接入电网运行所注入电网的谐波电流和引起公共连接点电压正弦波畸变率超过标准时，用户必须采取措施予以消除。否则，供电企业可中止对其供电。

第五十六条　用户的冲击负荷、波动负荷、非对称负荷对供电质量产生影响或对安全运行构成干扰和妨碍时，用户必须采取措施予以消除。如不采取措施或采取措施不力，达不到国家标准 GB 12326—1990 或 GB/T 15543—1995 规定的要求时，供电企业可中止对其供电。

第五十七条 供电企业应不断改善供电可靠性，减少设备检修和电力系统事故对用户的停电次数及每次停电持续时间。供用电设备计划检修应做到统一安排。供用电设备计划检修时，对 35 千伏及以上电压供电的用户的停电次数，每年不应超过一次；对 10 千伏供电的用户，每年不应超过三次。

第五十八条 供电企业和用户应共同加强对电能质量的管理。因电能质量某项指标不合格而引起责任纠纷时，不合格的质量责任由电力管理部门认定的电能质量技术检测机构负责技术仲裁。

第五十九条 供电企业和用户的供用电设备计划检修应相互配合，尽量做到统一检修。用电负荷较大，开停对电网有影响的设备，其停开时间，用户应提前与供电企业联系。

遇有紧急检修需停电时，供电企业应按规定提前通知重要用户，用户应予以配合；事故断电，应尽速修复。

第六十条 供电企业应根据电力系统情况和电力负荷的重要性，编制事故限电序位方案，并报电力管理部门审批或备案后执行。

第六十一条 用户应定期进行电气设备和保护装置的检查、检修和试验，消除设备隐患，预防电气设备事故和误动作发生。

用户电气设备危及人身和运行安全时，应立即检修。

多路电源供电的用户应加装连锁装置，或按照供用双方签订的协议进行调度操作。

第六十二条 用户发生下列用电事故，应及时向供电企业报告：

（1）人身触电死亡；

（2）导致电力系统停电；

（3）专线掉闸或全厂停电；

（4）电气火灾；

（5）重要或大型电气设备损坏；

（6）停电期间向电力系统倒送电。

供电企业接到用户上述事故报告后，应派员赴现场调查，在七天内协助用户提出事故调查报告。

第六十三条 用户受电装置应当与电力系统的继电保护方式相互配合，并按照电力行业有关标准或规程进行整定和检验。由供电企业整定、加封的继电保护装置及其二次回路和供电企业规定的继电保护整定值，用户不得擅自变动。

第六十四条 承装、承修、承试受电工程的单位，必须经电力管理部门审核合格，并取得电力管理部门颁发的《承装（修）电力设施许可证》。

在用户受电装置上作业的电工，应经过电工专业技能的培训，必须取得电力管理部门颁发的《电工进网作业许可证》，方准上岗作业。

第六十五条 供电企业和用户都应经常开展安全供用电宣传教育，普及安全用电常识。

第六十六条　在发供电系统正常情况下，供电企业应连续向用户供应电力。但是，有下列情形之一的，须经批准方可中止供电：

1. 对危害供用电安全，扰乱供用电秩序，拒绝检查者；

2. 拖欠电费经通知催交仍不交者；

3. 受电装置经检验不合格，在指定期间未改善者；

4. 用户注入电网的谐波电流超过标准，以及冲击负荷、非对称负荷等对电能质量产生干扰与妨碍，在规定限期内不采取措施者；

5. 拒不在限期内拆除私增用电容量者；

6. 拒不在限期内交付违约用电引起的费用者；

7. 违反安全用电、计划用电有关规定，拒不改正者；

8. 私自向外转供电力者。

有下列情形之一的，不经批准即可中止供电，但事后应报告本单位负责人：

1. 不可抗力和紧急避险；

2. 确有窃电行为。

第六十七条　除因故中止供电外，供电企业需对用户停止供电时，应按下列程序办理停电手续：

1. 应将停电的用户、原因、时间报本单位负责人批准。批准权限和程序由省电网经营企业制定；

2. 在停电前三至七天内，将停电通知书送达用户，对重要用户的停电，应将停电通知书报送同级电力管理部门；

3. 在停电前 30 分钟，将停电时间再通知用户一次，方可在通知规定时间实施停电。

第六十八条　因故需要中止供电时，供电企业应按下列要求事先通知用户或进行公告：

1. 因供电设施计划检修需要停电时，应提前七天通知用户或进行公告；

2. 因供电设施临时检修需要停止供电时，应当提前 24 小时通知重要用户或进行公告；

3. 发供电系统发生故障需要停电、限电或者计划限、停电时，供电企业应按确定的限电序位进行停电或限电。但限电序位应事前公告用户。

第六十九条　引起停电或限电的原因消除后，供电企业应在三日内恢复供电。不能在三日内恢复供电的，供电企业应向用户说明原因。

第六章　用电计量与电费计收

第七十条　供电企业应在用户每一个受电点内按不同电价类别，分别安装用电计量装置。每个受电点作为用户的一个计费单位。

用户为满足内部核算的需要，可自行在其内部装设考核能耗用的电能表，但该表所示读数不得作为供电企业计费依据。

第七十一条　在用户受电点内难以按电价类别分别装设用电计量装置时，可装设总的用电计量装置，然后按其不同电价类别的用电设备容量的比例或实际可能的用电量，确定不同电价类别用电量的比例或定量进行分算，分别计价。供电企业每年至少对上述比例或定量核定一次，用户不得拒绝。

第七十二条　用电计量装置包括计费电能表（有功、无功电能表及最大需量表）和电压、电流互感器及二次连接线导线。计费电能表及附件的购置、安装、移动、更换、校验、拆除、加封、启封及表计接线等，均由供电企业负责办理，用户应提供工作上的方便。

高压用户的成套设备中装有自备电能表及附件时，经供电企业检验合格、加封并移交供电企业管理的，可作为计费电能表。用户销户时，供电企业应将该设备交还用户。

供电企业在新装、换装及现场校验后应对用电计量装置加封，并请用户在工作凭证上签章。

第七十三条　对 10 千伏及以下电压供电的用户，应配置专用的电能计量柜（箱）；对 35 千伏及以上电压供电的用户，应有专用的电流互感器二次线圈和专用的电压互感器二次连接线，并不得与保护、测量回路共用。电压互感器专用回路的电压降不得超过允许值。超过允许值时，应予以改造或采取必要的技术措施予以更正。

第七十四条　用电计量装置原则上应装在供电设施的产权分界处。如产权分界处不适宜装表的，对专线供电的高压用户，可在供电变压器出口装表计量；对公用线路供电的高压用户，可在用户受电装置的低压侧计量。当用电计量装置不安装在产权分界处时，线路与变压器损耗的有功与无功电量均须由产权所有者负担。在计算用户基本电费（按最大需时计收时）、电度电费及功率因数调整电费时，应将上述损耗电量计算在内。

第七十五条　城镇居民用电一般应实行一户一表。因特殊原因不能实行一户一表计费时，供电企业可根据其容量按公安门牌或楼门单元、楼层安装共用的计费电能表，居民用户不得拒绝合用。共用计费电能表内的各用户，可自行装设分户电能表，自行分算电费，供电企业在技术上予以指导。

第七十六条　临时用电的用户，应安装用电计量装置。对不具备安装条件的，可按其用电容量、使用时间、规定的电价计收电费。

第七十七条　计费电能表装设后，用户应妥为保护，不应在表前堆放影响抄表或计量准确及安全的物品。如发生计费电能表丢失、损坏或过负荷烧坏等情况，用户应及时告知供电企业，以便供电企业采取措施。如因供电企业责任或不可抗力致使计费电能表出现或发生故障的，供电企业应负责换表，不收费用；其他原因引起的，用户应负担赔偿费或修理费。

第七十八条　用户应按国家有关规定，向供电企业存出电能表保证金。供电企业对存入保证金的用户出具保证金凭证，用户应妥为保存。

第七十九条　供电企业必须按规定的周期校验、轮换计费电能表，并对计费电能表进行不定期检查。发现计量失常时，应查明原因。用户认为供电企业装设的计费电能表不准时，有权向供电企业提出校验申请，在用户交付验表费后，供电企业应在七天内检验，并将检验结果通知用户。如计费电能表的误差在允许范围内，验表费不退；如计费电能表的误差超出允许范围时，除退还验表费外，并应按本规则第八十条规定退补电费。用户对检验结果有异议时，可向供电企业上级计量检定机构申请检定。用户在申请验表期间，其电费仍应按期交纳，验表结果确认后，再行退补电费。

第八十条　由于计费计量的互感器、电能表的误差及其连接线电压降超出允许范围或其他非人为原因致使计量记录不准时，供电企业应按下列规定退补相应电量的电费：

1. 互感器或电能表误差超出允许范围时，以"0"误差为基准，按验证后的误差值退补电量。退补时间从上次校验或换装后投入之日起至误差更正之日止的二分之一时间计算。

2. 连接线的电压降超出允许范围时，以允许电压降为基准，按验证后实际值与允许值之差补收电量。补收时间从连接线投入或负荷增加之日起至电压降更正之日止。

3. 其他非人为原因致使计量记录不准时，以用户正常月份的用电量为基准，退补电量，退补时间按抄表记录确定。

退补期间，用户先按抄见电量如期交纳电费，误差确定后，再行退补。

第八十一条　用电计量装置接线错误、保险熔断、倍率不符等原因，使电能计量或计算出现差错时，供电企业应按下列规定退补相应电量的电费：

1. 计费计量装置接线错误的，以其实际记录的电量为基数，按正确与错误接线的差额率退补电量，退补时间从上次校验或换装投入之日起至接线错误更正之日止。

2. 电压互感器保险熔断的，按规定计算方法计算值补收相应电量的电费；无法计算的，以用户正常月份用电量为基准，按正常月与故障月的差额补收相应电量的电费，补收时间按抄表记录或按失压自动记录仪记录确定。

3. 计算电量的倍率或铭牌倍率与实际不符的，以实际倍率为基准，按正确与错误倍率的差值退补电量，退补时间以抄表记录为准确定。

退补电量未正式确定前，用户应先按正常月用电量交付电费。

第八十二条　供电企业应当按国家批准的电价，依据用电计量装置的记录计算电费，按期向用户收取或通知用户按期交纳电费。供电企业可根据具体情况，确定向用户收取电费的方式。

用户应按供电企业规定的期限和交费方式交清电费，不得拖延或拒交电费。

用户应按国家规定向供电企业存出电费保证金。

第八十三条　电企业应在规定的日期抄录计费电能表读数。

由于用户的原因未能如期抄录计费电能表读数时，可通知用户待期补抄或暂按前次用电量计收电费，待下次抄表时一并结清。因用户原因连续六个月不能如期抄到计费电能表读数时，供电企业应通知该用户得终止供电。

第八十四条　基本电费以月计算，但新装、增容、变更与终止用电当月的基本电费，可按实用天数（日用电不足24小时的，按一天计算）每日按全月基本电费三十分之一计算。事故停电、检修停电、计划限电不扣减基本电费。

第八十五条　以变压器容量计算基本电费的用户，其备用的变压器（含高压电动机），属冷备用状态并经供电企业加封的，不收基本电费；属热备用状态的或未经加封的，不论使用与否都计收基本电费。用户专门为调整用电功率因数的设备，如电容器、调相机等，不计收基本电费。

在受电装置一次侧装有连锁装置互为备用的变压器（含高压电动机），按可能同时使用的变压器（含高压电动机）容量之和的最大值计算其基本电费。

第八十六条 对月用电量较大的用户，供电企业可按用户月电费确定每月分若干次收费，并于抄表后结清当月电费。收费次数由供电企业与用户协商确定，一般每月不少于三次。对于银行划拨电费的，供电企业、用户、银行三方应签订电费划拨和结清的协议书。

供用双方改变开户银行或账号时，应及时通知对方。

第八十七条 临时用电用户未装用电计量装置的，供电企业应根据其用电容量，按双方约定的每日使用时数和使用期限预收全部电费。用电终止时，如实际使用时间不足约定期限二分之一的，可退还预收电费的二分之一；超过约定期限二分之一的，预收电费不退；到约定期限时，得终止供电。

第八十八条 供电企业依法对用户终止供电时，用户必须结清全部电费和与供电企业相关的其他债务。否则，供电企业有权依法追缴。

第七章 并网电厂

第八十九条 在供电营业区内建设的各类发电厂，未经许可，不得从事电力供应与电能经销业务。

并网运行的发电厂，应在发电厂建设项目立项前，与并网的电网经营企业联系，就并网容量、发电时间、上网电价、上网电量等达成电量购销意向性协议。

第九十条 电网经营企业与并网发电厂应根据国家法律、行政法规和有关规定，签订并网协议，并在并网发电前签订并网电量购销合同。合同应当具备下列条款：

1. 并网方式、电能质量和发电时间；
2. 并网发电容量、年发电利用小时和年上网电量；
3. 计量方式和上网电价、电费结算方式；
4. 电网提供的备用容量及计费标准；
5. 合同的有效期限；
6. 违约责任；
7. 双方认为必须规定的其他事宜。

第九十一条 用户自备电厂应自发自供厂区内的用电，不得将自备电厂的电力向厂区外供电。自发自用有余的电量可与供电企业签订电量购销合同。

自备电厂如需伸入或跨越供电企业所属的供电营业区供电的，应经省电网经营企业同意。

第八章 供用电合同与违约责任

第九十二条 供电企业和用户应当在正式供电前，根据用户用电需求和供电企业的供电能力以及办理用电申请时双方已认可或协商一致的下列文件，签订供用电合同：

1. 用户的用电申请报告或用电申请书；

2. 新建项目立项前双方签订的供电意向性协议；

3. 供电企业批复的供电方案；

4. 用户受电装置施工竣工检验报告；

5. 用户计量装置安装完工报告；

6. 供电设施运行维护管理协议；

7. 其他双方事先约定的有关文件。

对用电量大的用户或供电有特殊要求的用户，在签订供用电合同时，可单独签订电费结算协议和电力调度协议等。

第九十三条 供用电合同应采用书面形式。经双方协商同意的有关修改合同的文书、电报、电传和图表也是合同的组成部分。

供用电合同书面形式可分为标准格式和非标准格式两类。标准格式合同适用于供电方式简单、一般性用电需求的用户；非标准格式合同适用于供用电方式特殊的用户。

省电网经营企业可根据用电类别、用电容量、电压等级的不同，分类制定出适应不同类型用户需要的标准格式的供用电合同。

第九十四条 供用电合同的变更或者解除，必须依法进行。有下列情形之一的，允许变更或解除供用电合同：

1. 当事人双方经过协商同意，并且不因此损害国家利益和扰乱供用电秩序；

2. 由于供电能力的变化或国家电力供应与使用管理的政策调整，使订立供用电合同时的依据被修改或取消；

3. 当事人一方依照法律程序确定确实无法履行合同；

4. 由于不可抗力或一方当事人虽无过失，但无法防止的外因，致使合同无法履行。

第九十五条 供用双方在合同中订有电力运行事故责任条款的，按下列规定办理：

1. 由于供电企业电力运行事故造成用户停电的，供电企业应按用户在停电时间内可能用电量的电度电费的五倍（单一制电价为四倍）给予赔偿。用户在停电时间内可能用电量，按照停电前用户正常用电月份或正常用电一定天数内的每小时平均用电量乘以停电小时求得。

2. 由用户的责任造成供电企业对外停电，用户应按供电企业对外停电时间少供电量，乘以上月份供电企业平均售电单价给予赔偿。

因用户过错造成其他用户损害的，受害用户要求赔偿时，该用户应当依法承担赔偿责任。

虽因用户过错，但由于供电企业责任而使事故扩大造成其他用户损害的，该用户不承担事故扩大部分的赔偿责任。

3. 停电责任的分析和停电时间及少供电量的计算，均按供电企业的事故记录及《电业生产事故调查规程》办理。停电时间不足 1 小时按 1 小时计算，超过 1 小时按实际时间计算。

4. 本条所指的电度电费按国家规定的目录电价计算。

第九十六条 供用电双方在合同中订有电压质量责任条款的，按下列规定办理：

1. 用户用电功率因数达到规定标准，而供电电压超出本规则规定的变动幅度，给用户造成损失的，供电企业应按用户每月在电压不合格的累计时间内所用的电量，乘以用户当月用电的平均电价的百分之二十给予赔偿。

2. 用户用电功率因数未达到规定标准或其他用户原因引起的电压质量不合格的，供电企业不负赔偿责任。

3. 电压变动超出允许变动幅度的时间，以用户自备并经供电企业认可的电压自动记录仪表的记录为准，如用户未装此项仪表，则以供电企业的电压记录为准。

第九十七条 供用电双方在合同中订有频率质量责任条款的，按下列规定办理：

1. 供电频率超出允许偏差，给用户造成损失的，供电企业应按用户每月在频率不合格的累计时间内所用的电量，乘以当月用电的平均电价的百分之二十给予赔偿。

2. 频率变动超出允许偏差的时间，以用户自备并经供电企业认可的频率自动记录仪表的记录为准，如用户未装此项仪表，则以供电企业的频率记录为准。

第九十八条 用户在供电企业规定的期限内未交清电费时，应承担电费滞纳的违约责任。电费违约金从逾期之日起计算至交纳日止。每日电费违约金按下列规定计算：

1. 居民用户每日按欠费总额的千分之一计算。

2. 其他用户：

（1）当年欠费部分，每日按欠费总额的千分之二计算。

（2）跨年度欠费部分，每日按欠费总额的千分之三计算；电费违约金收取总额按日累加计收，总额不足 1 元者按 1 元收取。

第九十九条 因电力运行事故引起城乡用户居民家用电器损坏的，供电企业应按《居民用户家用电器损坏处理办法》进行处理。

第一百条 危害供用电安全、扰乱正常供用电秩序的行为，属于违约用电行为。供电企业对查获的违约用电行为应及时予以制止。有下列违约用电行为者，应承担其相应的违约责任：

1. 在电价低的供电线路上，擅自接用电价高的用电设备或私自改变用电类别的，应按实际使用日期补交其差额电费，并承担二倍差额电费的违约使用电费。使用起迄日期难以确定的，实际使用时间按三个月计算。

2. 私自超过合同约定的容量用电的，除应拆除私增容设备外，属于两部制电价的用户，应补交私增设备容量使用月数的基本电费，并承担三倍私增容量基本电费的违约使用电费；其他用户应承担私增容量每千瓦（千伏安）50 元的违约使用电费。如用户要求继续使用者，按新装增容办理手续。

3. 擅自超过计划分配的用电指标的，应承担高峰超用电力每次每千瓦 1 元和超用电量与现行电价电费五倍的违约使用电费。

4. 擅自使用已在供电企业办理暂停手续的电力设备或启用供电企业封存的电力设备的，应停用违约使用的设备。属于两部制电价的用户，应补交擅自使用或启用封存设备容量和使用月数的基本电费，并承担二倍补交基本电费的违约使用电费；其他用户应承担擅自使用或启用封存设备容量每次每千瓦（千伏安）30 元的违约使用电费，启用属于私增容被封存的设备的，违约使用者还应承担本条第 2 项规定的违约责任。

5. 私自迁移、更动和擅自操作供电企业的用电计量装置、电力负荷管理装置、供电设施以及约定由供电企业调度的用户受电设备者，属于居民用户的，应承担每次 500 元的违约使用电费；属于其他用户的应承担每次 5000 元的违约使用电费。

6. 未经供电企业同意，擅自引入（供出）电源或将备用电源和其他电源私自并网的，除当即拆除接线外，应承担其引入（供出）或并网电源容量每千瓦（千伏安）500 元的违约使用电费。

第九章　窃电的制止与处理

第一百零一条　禁止窃电行为。窃电行为包括：

1. 在供电企业的供电设施上，擅自接线用电；
2. 绕越供电企业用电计量装置用电；
3. 伪造或者开启供电企业加封的用电计量装置封印用电；
4. 故意损坏供电企业用电计量装置；
5. 故意使供电企业用电计量装置不准或者失效；
6. 采用其他方法窃电。

第一百零二条　供电企业对查获的窃电者，应予制止并可当场中止供电。窃电者应按所窃电量补交电费，并承担补交电费三倍的违约使用电费。拒绝承担窃电责任的，供电企业应报请电力管理部门依法处理。窃电数额较大或情节严重的，供电企业应提请司法机关依法追究刑事责任。

第一百零三条　窃电量按下列方法确定：

1. 在供电企业的供电设施上，擅自接线用电的，所窃电量按私接设备额定容量（千伏安视同千瓦）乘以实际使用时间计算确定；

2. 以其他行为窃电的，所窃电量按计费电能表标定电流值（对装有限流器的，按限流器整定电流值）所指的容量（千伏安视同千瓦）乘以实际窃用的时间计算确定。

窃电时间无法查明时，窃电日数至少以一百八十天计算，每日窃电时间：电力用户按 12 小时计算；照明用户按 6 小时计算。

第一百零四条　因违约用电或窃电造成供电企业供电设施损坏的，责任者必须承担供电设施的修复费用或进行赔偿。

因违约用电或窃电导致他人财产、人身安全受到侵害的，受害人有权要求违约用电或窃电者停止侵害，赔偿损失。供电企业应予协助。

第一百零五条　供电企业对检举、查获窃电或违约用电的有关人员应给予奖励。奖励办法由省电网经营企业规定。

第十章　附　则

第一百零六条　跨省电网经营企业、省电网经营企业可根据本规则，在业务上作出补充规定。

第一百零七条　本规则自发布之日起施行。

《城市绿化条例》(节录)

第二十三条　为保证管线的安全使用需要修剪树木时，必须经城市人民政府城市绿化行政主管部门批准，按照兼顾管线安全使用和树木正常生长的原则进行修剪。承担修剪费用的办法，由城市人民政府规定。

因不可抗力致使树木倾斜危及管线安全时，管线管理单位可以先行修剪、扶正或者砍伐树木，但是，应当及时报告城市人民政府城市绿化行政主管部门和绿地管理单位。